投考公務員

中文運用

解題天書

修訂 第三版

最新 CRE 投考題王

全書收錄超過260條題目

四份模擬考卷

閱讀理解5大應試技巧

9種破解片段閱讀方法

讓你一矢中的 輕鬆掌握答題方法

資深中文老師 煒軒 & Mark Sir 著

序言

CRE 中文運用，可以「一 Take 過」考獲二級成績？

　　身邊很多語文底子較弱的朋友跟我說，他們考了多次CRE中文卷，但都只能取得一級成績。當中不少人或擁有高等學歷，或擁有多年工作經驗，只因未能考獲CRE中文運用二級成績，便無法投考「學位/專業程度」的公務員職位，實在可惜。

　　雖說公務員綜合招聘試可以免費報考，但青春有限，人人都希望「一Take過」考獲二級成績。這到底有什麼方法？

　　假如你以為付錢上補習班，輕輕鬆鬆拿些「貼士」便可以過關，那便大錯特錯。

　　多年來，我在補習班上不厭其煩的向學生指出，練習題目和模擬試卷只是評估工具，測試你到底懂得多少閱讀技巧和語文知

識。要真正提升中文能力，通過「CRE中文運用」試卷，你必須先掌握應試技巧和明白常見的中文語法特點，再操練大量有質素的題目。否則不論你做多少模擬題目，中文水平亦無寸進。

你會不會就是那頭只顧「操卷」的蠻牛？先好好掌握「CRE中文運用」試卷內各部分的應試技巧吧！不久你會發現，這張卷其實很簡單。

煒軒老師

目錄

CHAPTER ONE
CRE 簡介

公務員綜合招聘考試（CRE）

凡投考學位或專業程度公務員職位者，必須通過以下測試：

· 英文運用

· 中文運用

· 能力傾向測試

· 《基本法》知識測試

入職要求

1. 於語文考試中取得二級或一級成績（各個職系要求不同）

2. 通過《基本法》知識測試（無及格標準，成績只作參考）

3. 能力傾向測試及格（部份職系不需此項）

考試模式

I. 英文運用

考試模式：全卷共40題選擇題，限時45分鐘

試題類型：

· Comprehension

· Error Identification

· Sentence Completion

· Paragraph Improvement

評分標準：成績分為二級、一級及格或不及格，二級為最高等級

擁有以下資歷者可豁免CRE英文運用考試：

· 香港高級程度會考英語運用科或GCE (A Level) English Language科C級或以上成績等同CRE英文運用二級成績，D級成績等同一級成績。

· 在IELTS取得6.5或以上，並在同一次考試中各項個別分級取得不低於6，在考試成績的兩年有效期內，等同CRE英文運用二級成績。

II. 中文運用

考試模式：全卷共45題選擇題，限時45分鐘

試題類型：

· 閱讀理解

· 字詞辨識

· 句子辨析

· 詞句運用

評分標準：成績分為二級、一級或不及格，二級為最高等級

擁有以下資歷者可豁免CRE中文運用考試：

· 香港高級程度會考中國語文及文化、中國語言文學或中國語文科C級或以上成績會獲接納為等同CRE中文運用試卷的二級成績，D級成績等同一級成績。

III. 能力傾向測試

考試模式：全卷共35題選擇題，限時45分鐘

試題類型：

- 演繹推理

- Verbal Reasoning (English)

- Numerical Reasoning

- Data Sufficiency Test

- Interpretation of Tables and Graphs

評分標準：成績分為及格或不及格

IV. 《基本法》知識測試

考試模式：全卷共15題選擇題，限時20分鐘

評分標準：無及格標準，測試應徵者對《基本法》（包括所有附件及夾附的資料）的認識。成績會在整體表現中佔適當比重，但不會影響其申請公務員職位的資格。

CHAPTER ONE
CRE 簡介

CHAPTER TWO
試題練習

CHAPTER THREE
模擬試卷

CHAPTER FOUR
常見問題

政府各職系入職要求

	職系	入職職級	英文運用	中文運用	能力傾向測試
1	會計主任	二級會計主任	二級	二級	及格
2	政務主任	政務主任	二級	二級	及格
3	農業主任	助理農業主任/ 農業主任	一級	一級	及格
4	系統分析/ 程序編製主任	二級系統分析/ 程序編製主任	二級	二級	及格
5	建築師	助理建築師/ 建築師	一級	一級	及格
6	政府檔案處主任	政府檔案處助理主任	二級	二級	-
7	評稅主任	助理評稅主任	二級	二級	及格
8	審計師	審計師	二級	二級	及格
9	屋宇裝備工程師	助理屋宇裝備工程師/ 屋宇裝備工程師	一級	一級	及格
10	屋宇測量師	助理屋宇測量師/ 屋宇測量師	一級	一級	及格
11	製圖師	助理製圖師/ 製圖師	一級	一級	-
12	化驗師	化驗師	一級	一級	及格
13	臨床心理學家 （衛生署、入境事務處）	臨床心理學家（衛生署、入境事務處）	一級	一級	-
14	臨床心理學家 （懲教署、香港警務處）	臨床心理學家（懲教署、香港警務處）	二級	二級	-
15	臨床心理學家（社會福利署）	臨床心理學家（社會福利署）	二級	二級	及格
16	法庭傳譯主任	法庭二級傳譯主任	二級	二級	及格
17	館長	二級助理館長	二級	二級	-
18	牙科醫生	牙科醫生	一級	一級	-
19	營養科主任	營養科主任	一級	一級	-
20	經濟主任	經濟主任	二級	二級	-
21	教育主任（懲教署）	助理教育主任（懲教署）	一級	一級	-
22	教育主任 （教育局、社會福利署）	助理教育主任（教育局、社會福利署）	二級	二級	-
23	教育主任（行政）	助理教育主任（行政）	二級	二級	-
24	機電工程師（機電工程署）	助理機電工程師/機電工程師（機電工程署）	一級	一級	及格
25	機電工程師（創新科技署）	助理機電工程師/機電工程師（創新科技署）	一級	一級	-

CHAPTER ONE
CRE 簡介

CHAPTER TWO
試題練習

CHAPTER THREE
模擬試卷

CHAPTER FOUR
常見問題

	職系	入職職級	英文運用	中文運用	能力傾向測試
26	電機工程師（水務署）	助理電機工程師/ 電機工程師（水務署）	一級	一級	及格
27	電子工程師 （民航署、機電工程署）	助理電子工程師/ 電子工程師 （民航署、機電工程署）	一級	一級	及格
28	電子工程師（創新科技署）	助理電子工程師/電子工程師（創新科技署）	一級	一級	-
29	工程師	助理工程師/ 工程師	一級	一級	及格
30	娛樂事務管理主任	娛樂事務管理主任	二級	二級	及格
31	環境保護主任	助理環境保護主任/ 環境保護主任	二級	二級	及格
32	產業測量師	助理產業測量師/ 產業測量師	一級	一級	-
33	審查主任	審查主任	二級	二級	及格
34	行政主任	二級行政主任	二級	二級	及格
35	學術主任	學術主任	一級	一級	-
36	漁業主任	助理漁業主任/ 漁業主任	一級	一級	及格
37	警察福利主任	警察助理福利主任	二級	二級	-
38	林務主任	助理林務主任/ 林務主任	一級	一級	及格
39	土力工程師	助理土力工程師/ 土力工程師	一級	一級	及格
40	政府律師	政府律師	二級	一級	-
41	政府車輛事務經理	政府車輛事務經理	一級	一級	-
42	院務主任	二級院務主任	二級	二級	及格
43	新聞主任(美術設計)/(攝影)	助理新聞主任（美術設計）/（攝影）	一級	一級	-
44	新聞主任（一般工作）	助理新聞主任（一般工作）	二級	二級	及格
45	破產管理主任	二級破產管理主任	二級	二級	及格
46	督學（學位）	助理督學（學位）	二級	二級	-
47	知識產權審查主任	二級知識產權審查主任	二級	二級	及格
48	投資促進主任	投資促進主任	二級	二級	-
49	勞工事務主任	二級助理勞工事務主任	二級	二級	及格
50	土地測量師	助理土地測量師/ 土地測量師	一級	一級	-

	職系	入職職級	英文運用	中文運用	能力傾向測試
51	園境師	助理園境師/ 園境師	一級	一級	及格
52	法律翻譯主任	法律翻譯主任	二級	二級	-
53	法律援助律師	法律援助律師	二級	一級	及格
54	圖書館館長	圖書館助理館長	二級	二級	及格
55	屋宇保養測量師	助理屋宇保養測量師/ 屋宇保養測量師	一級	一級	及格
56	管理參議主任	二級管理參議主任	二級	二級	及格
57	文化工作經理	文化工作副經理	二級	二級	及格
58	機械工程師	助理機械工程師/ 機械工程師	一級	一級	及格
59	醫生	醫生	一級	一級	-
60	職業環境衞生師	助理職業環境衞生師/ 職業環境衞生師	二級	二級	及格
61	法定語文主任	二級法定語文主任	二級	二級	-
62	民航事務主任（民航行政管理）	助理民航事務主任（民航行政管理）民航事務主任（民航行政管理）	二級	二級	及格
63	防治蟲鼠主任	助理防治蟲鼠主任/ 防治蟲鼠主任	一級	一級	及格
64	藥劑師	藥劑師	一級	一級	-
65	物理學家	物理學家	一級	一級	及格
66	規劃師	助理規劃師/ 規劃師	二級	二級	及格
67	小學學位教師	助理小學學位教師	二級	二級	-
68	工料測量師	助理工料測量師/ 工料測量師	一級	一級	及格
69	規管事務經理	規管事務經理	一級	一級	-
70	科學主任	科學主任	一級	一級	-
71	科學主任（醫務）(衞生署)	科學主任（醫務）（衞生署）	一級	一級	-
72	科學主任（醫務）（食物環境衞生署）	科學主任（醫務）（食物環境衞生署）	一級	一級	及格
73	管理值班工程師	管理值班工程師	一級	一級	-
74	船舶安全主任	船舶安全主任	一級	一級	-
75	即時傳譯主任	即時傳譯主任	二級	二級	-

CHAPTER ONE
CRE 簡介

CHAPTER TWO
試題練習

CHAPTER THREE
模擬試卷

CHAPTER FOUR
常見問題

	職系	入職職級	英文運用	中文運用	能力傾向測試
76	社會工作主任	助理社會工作主任	二級	二級	及格
77	律師	律師	二級	一級	-
78	專責教育主任	二級專責教育主任	二級	二級	-
79	言語治療主任	言語治療主任	一級	一級	-
80	統計師	統計師	二級	二級	及格
81	結構工程師	助理結構工程師／結構工程師	一級	一級	及格
82	電訊工程師（香港警務處）	助理電訊工程師／電訊工程師（香港警務處）	一級	一級	-
83	電訊工程師（通訊事務管理局辦公室）	助理電訊工程師／電訊工程師（通訊事務管理局辦公室）	一級	一級	及格
84	電訊工程師（香港電台）	高級電訊工程師／助理電訊工程師／電訊工程師（香港電台）	一級	一級	-
85	電訊工程師（消防處）	高級電訊工程師（消防處）	一級	一級	-
86	城市規劃師	助理城市規劃師／城市規劃師	二級	二級	及格
87	貿易主任	二級助理貿易主任	二級	二級	及格
88	訓練主任	二級訓練主任	二級	二級	及格
89	運輸主任	二級運輸主任	二級	二級	及格
90	庫務會計師	庫務會計師	二級	二級	及格
91	物業估價測量師	助理物業估價測量師／物業估價測量師	一級	一級	及格
92	水務化驗師	水務化驗師	一級	一級	及格

CHAPTER TWO
試題練習

（一）
閱讀
理解

I. 文章閱讀

在這部分，考生須閱讀一篇題材與日常生活或工作有關的文章，然後回答問題。題目在於測試考生在理解和掌握文章意旨、深層意義、辨別事實與意見、詮釋資料等方面的能力。

閱讀理解五大應試技巧

應試技巧1：掌握基本閱讀策略與法則

閱讀策略：

第一步： 先看標題，推斷文章大概內容。（約5秒）

第二步： 略讀頭幾條題目，圈出關鍵字詞。（約10秒）

第三步： 略讀文章頭幾段，配合題目關鍵字詞搜尋答案。（約60秒）

不變法則：先看題目，後看文章

圈出關鍵字詞示例：

以下哪句話最能概括作者第二段提出的觀點？

A. 帶病上班是勤奮的表現。

B. 帶病上班體現了團體合作的必要性。

C. 帶病上班只是現代人工作效率低的擋箭牌。

D. 現代人帶病上班往往是迫於無奈的。

分析： 四個選項俱出現「帶病上班」四字，即使圈了也不會幫助我們答題；A項最重要帶出的訊息是「勤奮」；B項是「團體合作」；C項是「工作效率低」；D項是「迫於無奈」，所以我會圈出它們作為關鍵字詞，加倍留意。

應試技巧2：把句子簡化為「主+動+賓」句式

閱讀策略：

首先你要認識簡單的中文語法：

主語+謂語+賓語

例1：我（主語）**愛**（謂語）**你**（賓語）。

　　這句簡單的句子由三個字組成，「主語」就是指所要説的是什麼人或事，一般放出現在謂語前；「謂語」在這裡可簡單理解為「動詞」；「動詞」一般出現在主語和賓語中間，表示各類動作和心理變化的詞彙；「賓語」，又稱受詞，一般出現在句末，是指一個動作或行為的接受者。（並非每句句子也具備賓語）

　　你可能説，考試時閱讀理解的文章不可能會出現結構如此簡單的句子。

> 對呀，但再複雜的句子也可以還原為「主+動+賓」句式，如：

例2：無畏山崩地裂，風雨飄搖，痴心的我還是深深的愛著那個平凡的、簡單的你。

　　只要我們把例2中的條件（無畏山崩地裂，風雨飄搖）和形容詞（痴心的、深深的、平凡的、簡單的）刪去，句子便只會剩下「我還是愛著你」，這也是句子的重心——**句子最主要表達的信息。**

練習1

試把下列句子簡化為「主＋動＋賓」句式：

例：小明最後被裁定，要支付控方四百多萬元初級偵訊訟費。

簡化：小明（主語）要支付（動詞）訟費（賓語）。

1. 醫院自2009年起開始推行「以素代肉」計劃，在烹調煎肉餅等菜式時，加入有機黃豆蛋白質代替食譜中的肉類。

_____

2. 她晚上再三強調妹妹死因是報案後經法醫鑑定，且沒有要求蘋果公司賠償。

_____

3. 何文田第一中學校長表示，兩個課程各有優勢，不擔心收生方面造成問題。

_____

4. 巴西國腳保連奴順利通過一連串體測。

_____

5. 家庭計劃指導會過去六年共協助超過三百五十對經歷性障礙的夫婦，逾七成個案未能成功圓房。

_____

（答案見後頁）

參考答案：

1. 醫院在烹調時加入蛋白質代替肉類。

2. 她強調妹妹死因是經法醫鑑定，且沒有要求賠償。

3. 校長不擔心收生問題。

4. 保連奴通過體測。

5. 家庭計劃指導會協助性障礙的夫婦。

（以上答案，只供參考，尚有其他可能的答案。）

應試技巧3：刪去枝節，讓主題句浮現你的眼前

　　除了把句子結構簡化外，還有不少方法能幫助我們更快讀取文章重要訊息。不少人覺得CRE中文閱讀理解篇章很長，但其實我們**沒有必要逐字逐句細看**。

為什麼？

　　因為一篇文章有不少**補充**、**解釋**、**引入**的句子，由於這些只屬文章的枝節，只要我們把這**刪掉**，便能撥開雲霧，看見文章的重心。

例3：

張中行《自嘲》（節錄）

　　自嘲可以有二解。一是膚面的，字典式的釋義，是跟自己開個小玩笑。一種入骨的，是以大智慧觀照世間，冤親平等，也就看到並表明自己的可憐可笑。專說後一義，這有好處或説很必要，是因為人都有自大狂的老病，地位、財富、樣貌、才藝、學問等，本錢多的可能病較重，反之可能病較輕。有沒有絕無此病的人呢？我認為沒有；如果有人自以為我獨無，那他（或她）就是在這方面也太自大了，正是有病而且不輕的鐵證。有病宜於及時治療，而藥，不能到醫院和藥店去求，只能反求諸己，即由深的自知而上升為自嘲。至於自嘲的療效，也不可誇大，如廣告慣用的手法，説經過什麼什麼權威機構鑑定，痊癒者達百分之九十九以上；要實事求是，説善於自嘲，就有可能使自大狂的熱度降些溫。

分析：

這段文字約300字，但考試時我們每道選擇題卻只有平均約一分鐘的時間完成，怎麼辦？其實，這段中只有數個重點，其餘都是枝節：

CHAPTER ONE
CRE 簡介

CHAPTER TWO
試題練習

CHAPTER THREE
模擬試卷

CHAPTER FOUR
常見問題

張中行《自嘲》（節錄）

自嘲可以有二解。一是膚面的，~~字典式的釋義，~~是跟自己開個小玩笑。一種入骨的，~~是以大智慧觀照世間，冤親平等，~~也就看到並表明自己的可憐可笑。專說後一義，這有好處或說很必要，是因為人都有自大狂的老病，地位、財富、樣貌、才藝、學問等，本錢多的可能病較重，反之可能病較輕。~~有沒有絕無此病的人呢？我認為沒有。~~有病宜於及時治療，而藥，~~不能到醫院和藥店去求，~~只能反求諸己，即由深的自知而上升為自嘲。至於自嘲的療效，也不可誇大，~~如廣告慣用的手法，說經過什麼什麼權威機構鑑定，痊癒者達百分之九十九以上；~~要實事求是，說善於自嘲，就有可能使自大狂的熱度降些溫。

重點有三：

1. 自嘲有兩種解釋，一種指「跟自己開個小玩笑」，另一種指看到並表明自己的可憐可笑。

2. 自嘲有好處：有可能使自大狂的熱度降些溫；

3. 自嘲有必要：因為人都有自大狂的老病。

為什麼閱讀時我選擇略過或刪去某些字句？

1. 部分文字屬於補充說明；如第一行「一是膚面的，~~字典式的釋義，是~~跟自己開個小玩笑」，「字典式的釋義」是補充說明第一個自嘲定義的特性，不是段落重點。

2. 部分文字屬於例子或比喻：「至於自嘲的療效，也不可誇大，~~如廣告慣用的手法，說經過什麼什麼權威機構鑑定，痊癒者達百分之九十九以上：~~」「如廣告……」一句只解釋什麼是「誇大療效」，並非段落重點。

3. 部分文字只用作解釋或說明論點：「一種入骨的，~~是以大智慧觀照世間，冤親平等，~~也就看到並表明自己的可憐可笑。」

應試技巧4：快速把握關鍵詞的位置

我知道搜尋關鍵字詞很重要，但它們在文章的什麼位置？有跡可尋？

考試期間爭分奪秒，建議大家留意以下幾點：

1. 留意標有問號的句子及問號後面的話：

例：

……小學生年紀輕輕，就要為未來擔憂，難道升中派位結果，足以決定人生往後路程？各位家長，不如就讓孩子鬆一鬆吧！

留意標有問號的這一句，我們不難發現這是一句反問——「升中派位結果不足以決定人生路」就是這段的重點。

2. 留意表示轉折關係的關聯詞：

「但是」「可是」「然而」「不過」「卻」等；

例：

希臘政府擬通過新的裁員撙節措施，以取得歐洲聯盟和國際貨幣基金的新一筆紓困金援助，工會發動今年第四度大罷工，抗議這項決定。全國各地火車停駛、公共服務停擺，醫院僅提供最低限度醫療，中斷了國內10幾個航班。然而，對希臘觀光季節最重要的渡輪卻未受影響。（法新社，2013年7月16日）

留意「然而」一詞及「卻」字，我們知道重要的信息就在這一句：雖然希臘工會罷工，但希臘的觀光渡輪卻未受影響。（其他屬文章枝節）

3. 有表示結論的關聯詞句子：

表示結論的關聯詞包括：「因此」、「可見」、「因而」、「總之」、「綜合而言」等；

例：

……不少受訪市民表示，曾有表演者為了霸佔表演地方而與其他人發生衝突，甚至大吵大鬧；又有表演者隨處擺放表演器具，可見行人專用區缺乏管理。

留意「可見」一詞，我們知道重要的信息就在這一句：可見行人專用區缺乏管理。

4. 留意表示遞進關係的句子：

表示遞進關係的關聯詞包括：「並且」、「更」、「而且」、「甚至」等；

例：

揭露華府大規模監控民眾通訊的美國中情局前職員斯諾登，正式向俄羅斯申請臨時庇護，俄國移民部門最多3個月內要作出審批。斯諾登表示，擔心一旦遭美國檢控，會威脅人身安全，甚至可能面臨死刑。（星島日報，2013年7月17日）

留意「甚至」一詞，我們知道這一句就是整段的關鍵訊息：斯諾登擔心一旦遭美國檢控，會威脅人身安全。

應試技巧5：掌握細讀法和速讀法

何謂細讀？

逐字逐句留意文章細節。

何謂速讀？

即「快速閱讀」。速讀時我們往往粗粗地一掃而過，一目十行，但同時間又要保持高度的專注和集中，在文中找出關鍵字詞，盡快得知答案。

什麼時候細讀？什麼時候速讀？

張中行《自嘲》（節錄）

自嘲可以有二解。一是膚面的，字典式的釋義，是跟自己開個小玩笑。一種入骨的，是以大智慧觀照世間，冤親平等，也就看到並表明自己的可憐可笑。專說後一義，這有好處或說很必要，是因為人都有自大狂的老病，地位、財富、樣貌、才藝、學問等，本錢多的可能病較重，反之可能病較輕。有沒有絕無此病的人呢？我認為沒有。有病宜於及時治療，而藥，不能到醫院和藥店去求，只能反求諸己，即由深的自知而上升為自嘲。至於自嘲的療效，也不可誇大，如廣告慣用的手法，說經過什麼什麼權

CHAPTER ONE
CRE 簡介

CHAPTER TWO
試題練習

CHAPTER THREE
模擬試卷

CHAPTER FOUR
常見問題

~~威機構鑑定，痊癒者達百分之九十九以上~~；要實事求是，説善於自嘲，就有可能使自大狂的熱度降些溫。

· 當在看文章的論點，如上文自嘲的兩種定義時，我會用細讀法，仔細閱讀每一個字；當讀到補充、解釋、引入的句子，即文章的枝節時，我會用速讀法，快快略過句子。

所以説，閱讀文章時我們不是一味「速讀」，要同時兼用兩種閱讀方法！

練習題一

文章一

衣裳（節錄） 梁實秋

　　莎士比亞有一句名言：「衣裳常常顯示人品」；又有一句：「如果我們沉默不語，我們的衣裳與體態也會洩露我們過去的經歷。」可是我不記得是誰了，他曾說過更徹底的話：我們平常以為英雄豪傑之士，其儀表堂堂確是與眾不同，其實，那多半是衣裳裝扮起來的，我們在畫像中見到的華盛頓和拿破崙，固然是弈弈赫赫，但如果我們在澡堂裏遇見二公，赤條條一絲不掛，我們會有異樣的感覺，會感覺得脫光了大家全是一樣。這話雖然有點玩世不恭，確有至理。

　　中國舊式士子出而問世必須具備四個條件：一團和氣，兩句歪詩，三斤黃酒，四季衣裳；可見衣裳是要緊的。我的一位朋友，人品很高，就是衣裳「普羅」一些，曾隨著一夥人在上海最華貴的飯店裏開了一個房間，後來走出飯店，便再也不得進來，司閽的巡捕不准他進去，理由是此處不施捨。無論怎樣解釋也不得要領，結果是巡捕引他從後門進去，穿過廚房，到帳房內去理論。這不能怪那巡捕。我們幾曾看見過看家的狗咬過衣裳楚楚的客人？

　　衣裳穿得合適，煞費周章，所以內政部禮俗司雖然繪定了各種服裝的式樣，也並不曾推行，幸而沒有推行！自從我們剪了小辮兒以來，衣裳就沒有了體制，絕對自由，這時候若再推行「國

裝」，只是於錯雜紛歧之中更加重些紛擾罷了。

　　李鴻章出使外國的時候，袍褂頂戴，完全是「滿大人」的服裝。我雖無愛於滿清章制，但對於他的不穿西裝，確實是很佩服的。可是西裝的勢力畢竟太大了，到如今理髮匠都是穿西裝的居多。我憶起了二十年前我穿西裝的一幕。那時候西裝還是一件比較新奇的事物，總覺得是有點「機械化」，其構成必相當複雜。一班幾十人要出洋，於是西裝逼人而來。試穿之日，適值嚴冬，或缺皮帶，或無領結，或襯衣未備，或外套未成，但零件雖然不齊，吉期不可延誤，所以一陣騷動，胡亂穿起，有的寬衣博帶如稻草人，有的細腰窄袖如馬戲醜，大體是赤著身體穿一層薄薄的西裝褲，凍得涕泗交流，雙膝打戰，那時的情景足當得起「沐猴而冠」四個字。當然後來技術漸漸精進，有的把褲腳管燙得筆直，視如第二生命，有的在衣袋裏插一塊和領結花色相同的手絹，儼然像是一個紳士，猛然一看，國籍都要發生問題。（選輯及改篇自梁實秋《雅舍小品全集》，上海人民出版社，1994年12月版，頁29。）

1. 以下哪項不是第一及第二段帶出的訊息？

　　A. 衣服的穿著要講究。

　　B. 我們看見赤裸的人要有異樣的感覺。

　　C. 中國舊式士子問世時也靠衣裝。

　　D. 我們的衣裳與體態記錄著我們的過去。

2. 根據第二段，巡捕不准作者的朋友由正門進入飯店的原因是什麼？

A. 作者的朋友衣著品味太差。

B. 作者的朋友向巡捕乞討。

C. 作者的朋友「衣冠楚楚」。

D. 作者的朋友衣著破舊而不整齊。

3. 以下哪項不是作者二十年前穿西裝的特別經歷？

A. 穿西裝的吉期不得延誤。

B. 作者當時覺得西裝頗新奇。

C. 作者覺得自己當時像一隻猴子。

D. 作者那次穿西裝的感覺不好受。

文章二

霸地起屋逍遙法外 變相鼓勵港人犯法

　　鄉郊地區官地私人地被非法霸佔起屋的新聞時有所聞，本報今日報道，石澳更有相當於6個標準泳池大小的官地被霸佔起屋，估計部分更被出租牟利。假如政府繼續「歎慢板」不加強執法，不單變相鼓勵不法之徒不斷霸地建屋牟利，對安分守己買樓租屋或蝸居的小市民來說，更是極不公平。

非法興建的村屋約30間，兩至三層高，估計分層樓面高達20萬平方呎，市值可達30億元。本報早前已報道，新界鄉村非法霸地興建寮屋甚至石屋的情況愈來愈嚴重，而石澳一個岩石灘也有一間700方呎的寮屋，給擴建成一間約6000方呎的海濱大宅。政府相關部門一直被指執法不力，致令霸地建屋如雨後春筍般不斷湧現。

地政總署雖然回覆本報指過去3年已在石澳相關地帶合共清拆了39間非法構築物，又承諾會加緊巡查，但市民見到的是，接連有鄉郊被揭發霸地建屋，政府未見有積極執法，此舉已等同向公眾傳遞了一個極壞的信息，即政府無意視霸地建屋為優先處理項目，不單默許其存在，甚至縱容此等行為不斷擴張。可以預料，在樓價高企，政府又銳意發展鄉郊地帶下，霸地建屋肯定會愈來愈嚴重，萬一發生嚴重意外，再揭發消防走火等設施全部不合格，政府定當背上兇手的惡名。

不論霸地建寮屋還是石屋，霸地者都是佔盡便宜，毋須地價也毋須相關部門審批，即可起屋自住甚或出租賺錢，數十年來累計得益十分可觀。這種行為不單破壞美景，令珍貴的公共資源被私有化，更重要的是，公眾已接收到一個信息，即只要你夠惡、夠膽，就可做「地霸」建屋賺錢，「人有多大膽，屋有多大間」，這對安分守己胼手胝足供樓租屋或蝸居的小市民來說，實在極不公平。

在官地霸地建屋雖然最終可能被清拆，犯法者看似血本無歸，但實際上多年來不法之徒可能已賺盡租金，袋袋平安。因

此，要根治問題，除了要加強執法盡快清拆非法建築物外，政府更要設法追討多年來的地價及租金損失，方具阻嚇力。（選輯及改篇自2013年7月22日明報社評）

4. 以下哪項是作者在第一段表達的看法？

    A. 政府慢條斯理應對非法興建村屋的問題，變相對守法的市民不公。

    B. 政府應幫助安分守己買樓租屋或蝸居的小市民。

    C. 政府可以繼續「歎慢板」不加強執法。

    D. 政府在非法興建村屋的執法上不慌不忙。

5. 下列哪項是作者在第二段中主要帶出的訊息？

    A. 非法興建的村屋愈來愈多。

    B. 新界鄉村非法霸地興建寮屋甚至石屋的情況愈來愈嚴重。

    C. 霸地建屋的問題已擴散至石澳。

    D. 政府相關部門執法不力，是霸地建屋情況惡化的主因。

6. 第三段「極壞的信息」是指：

    A. 愈來愈多鄉郊被揭發霸地建屋。

    B. 對於不法之徒非法霸地建屋問題，政府未有執法。

    C. 政府無視、默許，甚至縱容不法之徒非法霸地建屋。

    D. 霸地建屋問題。

CHAPTER ONE
CRE 簡介

CHAPTER TWO
試題練習

CHAPTER THREE
模擬試卷

CHAPTER FOUR
常見問題

7. 根據第四段，下列哪項是縱容不法之徒非法霸地建屋的後果？

甲. 破壞美景，令公共資源被私有化。

乙. 霸地者賺取可觀利潤。

丙. 變相對守法置業的市民不公。

A. 甲、乙

B. 甲、丙

C. 乙、丙

D. 甲、乙、丙

8. 對於在官地霸地建屋的不法者最終可能血本無歸，作者對他們的態度是：

A. 同情。

B. 決絕。

C. 不屑。

D. 不置可否。

答案

1. **答案：** B。原文是説：「如果我們在澡堂裏遇見二公，赤條條一絲不掛，我們
   會有異樣的感覺，會感覺得脱光了大家全是一樣」，而不是説「我們看
   見赤裸的人要有異樣的感覺。」

2. **答案：** D。「我們幾曾看見過看家的狗咬過衣裳楚楚的客人？」作者的朋友因
   為衣著破舊而不整齊，所以巡捕只許他由後門進入。

3. **答案：** C。作者只説當時的情景足以用「沐猴而冠」形容，並非説自己當時像
   一隻猴子。（「沐猴而冠」比喻人虛有其表）

4. **答案：** A。原文：「假如政府……不加強執法，不單變相鼓勵不法之徒不斷霸
   地建屋牟利，對安分守己買樓租屋或蝸居的小市民……極不公平。」
   與A項「政府慢條斯理應對非法興建村屋的問題，變相對守法的市民不
   公」意思相同。

5. **答案：** D。原文：「政府相關部門一直被指執法不力，致令霸地建屋如雨後春
   筍般不斷湧現。」

6. **答案：** C。原文：「此舉已等同向公眾傳遞了一個極壞的信息，即政府無意視
   霸地建屋為優先處理項目，不單默許……甚至縱容……」與C項的意思
   相同。

7. **答案：** D。

8. **答案：** B。作者全文都在狠狠批評不法者，態度肯定不是正面，A與C項均錯
   誤；此外，作者對不法者只有批評，沒有看不起他們，所以B項較為適
   合。

CHAPTER ONE
CRE 簡介

CHAPTER TWO
試題練習

CHAPTER THREE
模擬試卷

CHAPTER FOUR
常見問題

（一）閱讀理解

II. 片段／語段閱讀

這部分是測試考生在閱讀個別片段／語段時能否理解該段文字的含義或引申出來的觀點，找出支持或否定某些觀點的選項，或選出最能概括該段文字的一句話等。

片段／語段閱讀的九大應試技巧

技巧1： 快速把握連詞的位置，並留意因果關係提示字眼

很多時，語段中的連接詞（關聯詞）都為我們帶來不少提示。一般而言，若文段中出現「因為（因）……所以（便）……」等含因果關係的複句，通常「所以（便）」、「因而」、「因此」後面的內容是文段的主旨，亦即答案。

技巧2：注意條件/假設複句的蘊藏訊息

條件複句就是前面分句提出條件，後面分句表示結果的句子。「只要……，就……」、「只有……，才……」、「除非……，才……」、「如果（說）……，那麼……」等都是條件複句的例子。

通常強調的是「如果」等後面假設的條件，與此相反的做法才是作者認同的，即文段的主旨，答案所在；

例1：

廣告創作人如果不守諾言，背信棄義，最終只會自毀名聲。

（作者立場：廣告創作人要守諾言，講信義。）

「即使……也……」類，通常強調的是「也」等後面的內容，答案也會在此。

例2：

即使商界不施以援手，政府的扶貧政策也會貫徹始終。

（作者立場：相信政府的扶貧政策會貫徹始終。）

技巧3：歸納論證法

歸納論證是指從文段中許多的不同的事件或例子中，求得普遍的原則。

例：

甲同學經常作弄同學，乙同學經常欺負同學，丙同學經常向同學說謊，他們都是班上最教人討厭的。

CHAPTER ONE
CRE簡介

CHAPTER TWO
試題練習

CHAPTER THREE
模擬試卷

CHAPTER FOUR
常見問題

這段文字意在說明：

A. 班上有不少令人討厭的同學。

B. 班上只有三個令人討厭的同學。

C. 令人討厭的同學的行為差劣。

D. 班上品格差劣的同學最教人討厭。

答案是D。作弄同學、欺負同學、向同學説謊都可歸納為「品格差劣」。

技巧4：首結句提示法

部分題目在文段的首句和結句會蘊藏著一個特定概念或重要訊息，這都可能給我們提示，令我們較易找出答案。

再以上題例子為例：

甲同學經常作弄同學，乙同學經常欺負同學，丙同學經常向同學説謊，他們都是班上最教人討厭的。

結句「他們都是班上最教人討厭的」正是文段主要訊息之一。

技巧5：留意關鍵詞的出現頻率

答題時我們可以留意一下：有些詞彙會不會在文段中反覆出現？如有，把它圈起來吧！這極有可能與答案有關。

例：

文學源於生活。它是日常與外界溝通的方法之一。只不過我們後來都忘了這點，總愛以深澀詞彙入文，把它變成遠離日常生活的艱深遊戲。

分析：

在短短60字的語段中，「文學」和「（日常）生活」多次出現，可見語段的主題/重要訊息絕對與此有關。

技巧6：排除法

排除法是作答選擇題時常用的技巧。排除與文章資訊內容明顯不符的選項，減少干擾，這對作答很有幫助。由於「排除」往往比「肯定」選項容易，通過「排除法」確定正確選項往往化直接確定答案容易得多。

技巧7：簡化語段法：刪去文章技節，尋找重點

這點已在第一部分談過，不贅。

技巧8：留意極端字眼

「一定」、「絕對」、「全部」、「只」等極端字眼否定了其他可能性，當選項出現這些字眼時，我們要細心留意這會不會扭曲文章的本意。

技巧9：不要以為選項有相同字眼，便是答案

很多時，A、B、C、D選項中都會出現與文段完全相同的字眼，但這並不表示那就是正確答案。我們要小心審視這些選項的句式和意思，不要妄下判斷。

例1：

中國古代的科學著作大多是經驗型的總結，而不是理論型的探討，所記各項發明都是為了解決國家與社會生活中實際問題，而不是試圖在某一研究領域獲得重大突破。從研究方法上來說，中國科技重視綜合性的整體研究，重視從總體上把握事物，而不是把研究物件從錯綜複雜的聯繫中分離出來，獨立研究它們的實體和屬性，細緻探討它們的奧秘。這使得中國古代的科學技術沒有向更高層次發展。（國考，2010年）

這段文字重在說明：
A. 中國古代的科技水平沒有長足進步的根本原因。
B. 研究方法的缺陷使中國古代科技長期停滯不前。
C. 中國古代的科學研究關注的重點及其歷史背景。
D. 解決實際問題是推動中國古代科技發展的動力。

分析：答案是A。

應用技巧：刪去文章枝節，尋找重點：

中國古代的科學著作大多是……，而不是……，所記各項發明都是為了……，而不是……。從研究方法上來說，中國科技重視綜合性的整體研究，重視……，而不是……。這使得中國古代的科學技術沒有向更高層次發展。

刪去枝節後，我們發現這段用了三組結構相似的句式作說明，為的是結出最後一句──這使得中國古代的科學技術沒有向更高層次發展，可見這段最後一句為重點。

A. 中國古代的科技水平沒有長足進步的根本原因。

（與這段最後一句意思相同。）

B. 研究方法的缺陷使中國古代科技長期停滯不前。

（研究方法的缺陷只是導致中國古代科技長期停滯不前的其中一個原因，不是片段的中心觀點。）

C. 中國古代的科學研究關注的重點及其歷史背景。

（中國古代的科學研究關注的重點的偏側，只是導致中國古代科技長期停滯不前的其中一個原因，不是片段的中心觀點。）

D. 解決實際問題是推動中國古代科技發展的動力。

（解決實際問題只是片段內其中一個訊息，不是片段中心觀點。）

例2：

虛心接受別人的意見，能糾正不必要的錯誤。然而，真正能虛心
受教的人卻少之又少。說到底，人就是怕被人指出錯處，當眾出
醜；又或心底裡不願承認其他人比自己強、比自己看得透。到
最後，人會因不願受教，終於越走越歪，並要承受自己種下的惡
果。（轉載自「公務員事務局」網頁）

對這段話，理解不準確的是：

A. 要糾正錯誤必須接受他人的意見。

B. 不願受教的人怕被人指出錯處，當眾出醜。

C. 其他人一定比自己強、比自己看得透。

D. 不願接受意見的人最終會自食其果。

分析：由於這次不是問及段旨，而是問到選項中哪一個訊息錯
誤。因此：

應用技巧：快速把握連詞的位置
應用技巧：留意極端字眼

　　虛心接受別人的意見，能糾正不必要的錯誤。然而，真正能虛心受教的人卻少之又少。説到底，人就是怕被人指出錯處，當眾出醜；又或心底裡不願承認其他人比自己強、比自己看得透。到最後，人會因不願受教，終於越走越歪，並要承受自己種下的惡果。

　　考試時我們要爭分奪秒，所以我們會最先留意連詞和極端字眼，因為這些往往會透露重要的訊息。

那麼答案是什麼？

A	要糾正錯誤必須接受他人的意見。
	正確，第一句：「虛心接受別人的意見，能糾正不必要的錯誤。」
B	不願受教的人怕被人指出錯處，當眾出醜。
	正確，第三句：「人就是怕被人指出錯處，當眾出醜。」
C	其他人一定比自己強、比自己看得透。
	理解不準確，第四句是説一般人心態上不願承認其他人比自己強，不是説「其他人一定比自己強、比自己看得透。」 **更何況，凡題目出現「一定」、「必然」等極端字眼時，我們要加倍留意這個字眼會否扭曲了原文意思。** **最後，不要以為選項出現了原文的字眼，便是答案。正如C項出現了原文的字眼，意思卻與原文南轅北轍。**
D	不願接受意見的人最終會自食其果。
	正確，最後一句：「人會因不願受教，終於……承受自己種下的惡果。」

練習題

閱讀文章，然後根據題目要求選出正確答案。

1. 人人都渴望愛，常常抱怨旁人不愛自己。這正說明被愛並不容易，而愛人則更困難。用無休止的撒嬌、抱怨、大叫大喊以求得到愛，可謂緣木求魚，只會把對你稍為有好感的人嚇跑。理解別人不愛自己的原因，只是尋求愛的前提。說到底，一個不懂得愛其他人的人，又怎可能要求其他人愛你呢？

   最能概括這段話意思的是：

   A. 愛自己的人會撒嬌、抱怨、大叫大喊。

   B. 要獲得別人的愛，便要明白別人不愛自己的原因。

   C. 要獲得別人的愛，首先要學會愛人。

   D. 愛並不容易，而愛人則更困難。

2. 掃瞄電子顯微鏡對子彈、刀片或其他工具遺下痕跡時的檢測非常有幫助，對動物毛髮、射擊殘留物和其他微細物種的觀察也非常有用。掃瞄電子顯微鏡不但能以極高的倍數提供放大圖像和清晰的三維圖像，這些優點都是一般光學顯微鏡所不及的。

   這段話主要談論的是：

   A. 光學顯微鏡並不具備掃瞄電子顯微鏡的優點。

   B. 掃瞄電子顯微鏡是物証檢驗中運用最廣泛的一種儀器。

   C. 掃瞄電子顯微鏡有不少優點。

   D. 掃瞄電子顯微鏡具有廣泛的用途。

3. 談戀愛猶如學行，並沒有一蹴而就、「大了便會懂」這類神話。不論學生或是成年人，也要從失敗中學習，累積經驗，才可摸索出一條屬於自己的戀愛路。試問那個嬰兒首次學行便不會跌倒？多少人第一次拍拖便能到達談婚論嫁的階段？可見校園戀愛或許只是「荳芽夢」，或許未必能開花結果，但當中的經歷和學習，是任何一本課本也不能學到的。

   這段話反映作者對戀愛的立場是：

   A. 贊成戀愛要跌跌碰碰，但反對校園戀愛。

   B. 不贊成校園戀愛，因為這只是一場「荳芽夢」，不一定能開花結果。

   C. 贊成校園戀愛，因為愛情就是要從失敗中學習，累積經驗。

   D. 不相信第一次戀愛便能到達談婚論嫁的階段。

4. 每個人都會經歷不同的階段，每個階段都會有最要好、最熟稔、最投契的人在我們生命中出現。原來的知己，曾經風兩共渡，朝夕相對的知己，如今已經各走各路。儘管我們仍保持聯絡，可是電話上「最近怎樣」、「生活好嗎」、「在忙什麼」等等的寒暄，慰解不了我們心底的鬱悶。有時想向對方多解釋兩句，但已經感到力不從心。

   最能概括這段文字意思的是：

   A. 每個人在人生不同階段都會不同的知己。

   B. 昔日的朋友不能慰解我們心底的鬱悶。

   C. 我們應與知己保持聯絡。

   D. 我們與知己保持聯絡時，往往力不從心。

5. 看著公園內嬉戲的小學生，我不禁搖頭：今天的我，說一句話前要仔細思量，踏一步路前要瞻前顧後，聽一句話後又要思前想後，生怕有甚麼弦外之音。如此「不可多說一句話，不可多走一步路」，不就是林黛玉的寫照嗎？是的，我成長了，但現在時時小心、處處在意，步步為營的我，卻失去童真了。

最能概括這段文字意思的是：

A. 今天的「我」做什麼都小心翼翼。

B. 今天的「我」有數分像中國古代的林黛玉。

C. 今天的「我」已失去童真。

D. 公園內嬉戲的小學生滿有童真。

答案與解釋

1. **答案：** C。末句「一個不懂得愛其他人的人，又怎可能要求其他人愛你呢？」已有提示。

2. **答案：** D。全段不斷列舉掃瞄電子顯微鏡的用途，證明其用途廣泛。要留意，末句「這些優點都是一般光學顯微鏡所不及的」不等於A項「光學顯微鏡並不具備掃瞄電子顯微鏡的優點」。

3. **答案：** C。「可見校園戀愛或許只是『荳芽夢』，或許未必能開花結果，但當中的經歷和學習，是任何一本課本也不能學到的。」這句反映作者贊成求學時期談戀愛，故C正確。

4. **答案：** A。全段的重心句為：「每個人都會經歷不同的階段，每個階段都會有最要好、最熟稔、最投契的人在我們生命中出現。」餘下的文字只是闡述這個重點。

5. **答案：** C。A、B、D項段落均有提及，但不是其重點。段落反覆提到作者已經成長，失卻了童真，只能看著公園內嬉戲的小學生，懷緬一下，答案是C。

CHAPTER ONE
CRE 簡介

CHAPTER TWO
試題練習

CHAPTER THREE
模擬試卷

CHAPTER FOUR
常見問題

（二）
字詞
辨識

I. 選出有錯別字／沒有錯別字的一句句子

II. 分辨正確或錯誤的簡體字

第一種考核題型：選出有錯別字/ 沒有錯別字的一句句子

基礎知識：

什麼是錯字？

寫錯了筆畫、或寫了根本不存在的字。

什麼是別字？

字的筆畫沒錯，但卻寫了「同音字」、「近音字」，張冠李戴。

錯別字題應試技巧：

先看以下一段文字：

鄭慕智向香港中學文憑考試考生致勉勵辭，表視自2009年實施的新學制是一個重要的教育改革，目的是讓同學能為多變的、知識型、全球一體化世界的挑戰作好準備。新學制的強項是透過多元化、可持續地學習，為同學提供更多的選擇和機會，同時強調教育質素和鼓勵終身學習，讓同學更能應對這些挑戰。（星島日報，7月16日，內容曾作修改。）

假如我們需要從上文找一個錯別字，我們可有什麼策略？

記住：

　　1. 專有名詞如人名、地方名，以及數字→基本正確→排除

　　2. 專有名詞及數字包括：鄭慕智、香港中學文憑考試、2009

　　3. 留意動詞、名詞和形容詞，三者出錯的機會較高。

　　即是說：

　　鄭慕智向香港中學文憑考試考生致勉勵辭，表視自2009年實施的新學制是一個重要的教育改革，目的是讓同學能為多變的、知識型、全球一體化世界的挑戰作好準備。新學制的強項是透過多元化、可持續地學習，為同學提供更多的選擇和機會，同時強調教育質素和鼓勵終身學習，讓同學更能應對這些挑戰。（星島日報，7月16日，內容曾作修改。）

　　有些常用而肯定的字詞不用圈出（如「同學」一詞我肯定文章沒有寫錯）。然後我們再分析圈出來的字詞，最後我們會發現動詞「表視」錯了，應作「表示」。

試題分析：

選出沒有錯別字的句子：（轉載自「公務員事務局」網頁）

A. 我們決定在辦公室相討有關改善工作環境的問題。

B. 老師的教晦，我永不會忘記。

C. 他心胸狹隘，性格孤僻，很難交到知心的朋友。

D. 這班兇神惡煞的大漢來勢凶凶，我們要加倍小心。

第一步：先圈出動詞、名詞及形容詞，有些常用而肯定的字詞可免

A. 我們決定在辦公室相討有關改善工作環境的問題。

B. 老師的教晦，我永不會忘記。

C. 他心胸狹隘，性格孤僻，很難交到知心的朋友。

D. 這班兇神惡煞的大漢來勢凶凶，我們要加倍小心。

什麼是常用而肯定的字詞？

因人而異，並無標準。於我而言，以下就是百分百確定沒有寫錯的字詞：我們、辦公室、工作、問題、老師、性格、朋友、小心。

第二步：細心分析圈出來的字詞

你會發現，其實我們已經把範圍大大收窄！

A項：「相討」錯誤，應為「商討」→動詞錯誤

B項：「教晦」錯誤，應為「教誨」→動詞錯誤

D項：「兇神惡煞」錯誤，應為「凶神惡煞」；「來勢凶凶」錯誤，應為「來勢洶洶」→形容詞錯誤

所以「沒有錯別字」的一句是C！

50個常見錯別字（括號內為正字）

貪莊（贓）枉法	穿（川）流不息	打臘（蠟）
百戰不怠（殆）	針貶（砭）時弊	再接再勵（厲）
雀（鵲）巢鳩佔	脈博（搏）	美侖（輪）美奐
人才滙（薈）萃	各式（適）其適	不徑（脛）而走
融滙（會）貫通	默（墨）守成規	濫芋（竽）充數
伶牙利（俐）齒	灸（炙）手可熱	修茸（葺）
各行其事（是）	鬆馳（弛）	入場卷（券）
世外桃園（源）	防（妨）礙	追朔（溯）
泊（舶）來品	有（友）善	走頭（投）無路
編篡（纂）	言簡意駭（賅）	潔白無暇（瑕）
名（明）信片	幅（輻）射	渲（宣）泄
毛骨聳（悚）然	氣慨（概）	寒喧（暄）
眼花撩（繚）亂	一股（鼓）作氣	不能自己（已）
國藉（籍）	粗曠（獷）	出奇（其）不意
冷寞（漠）	草管（菅）人命	姿（恣）意妄為
痙孿（攣）	嬌（矯）揉造作	重叠（疊）
插科打渾（諢）	峻（竣）工	

提提你：

原來……

常見的錯字一般都與正字的音、形相同或相似。

考試前要好好記住上面的50個例子呀！

練習題

1. 選出沒有錯別字的句子：

A. 我今天看了一個另人印象深刻的手提電話廣告。

B. 如果我有權為這個家庭決定什麼，我想我一定不會像現時般意志消沉。

C. 重讀同學須按下學年所讀級別要求完成指定暑期習作，否則會於九月開課時糟受處分。

D. 這間書店設有餐廳提供膳食，書店和餐廳以玻璃隔開，咖啡、中西式茶各式其適，滿足不同客人的需要。

2. 選出沒有錯別字的句子：

A. 七百個洞窟中，有接近五百個仍然藏有豐富的壁畫和雕朔，大大加深了後世對唐朝燦爛文明的了解，啟發了不少藝術家的創作靈感。

B. 近年大形群眾活動，經常見到部分參加者衝擊警方防線，這些行為的對錯，自有公論。

C. 事件不涉公眾利益，但這次風波卻鬧得沸沸洋洋，箇中原因，難以理解。

D. 繼新界東北堆填區出現滲漏，新界西堆填區村民投訴有類似情況。

CHAPTER ONE
CRE簡介

CHAPTER TWO
試題練習

CHAPTER THREE
模擬試卷

CHAPTER FOUR
常見問題

3. 選出沒有錯別字的句子：

A. 他一輩子踐行求真務實的科學精神，做人坦坦蕩蕩，做事老老實實，眼睛裏容不得半點虛假。

B. 鴿子性情溫厚，許多人都樂於飼養，或點輟家居，或作解悶良伴。

C. 姐姐和我性格迥異，誰也看不出我們有血緣關係。

D. 這是餐廳最新推出的特式飲料——香芒蜜桃冰，我們不如試試吧！

4. 選出沒有錯別字的句子：

A. 去年回到家鄉，他本來打算大展拳腳，但工作機會並不如他想的那樣垂手可得。

B. 移民顧問認為，聯邦以繳稅太少作為取消投資移民的理由，做法「莫名奇妙」。

C. 慎妨假冒，消費者在購買時請認明貨物上的鐳射商標。

D. 研究發現，經常熬夜工作的人，較一般上班族更易患有心血管及腸胃毛病。

5. 選出沒有錯別字的句子：

A. 部分青年投放全部積蓄創業。這種破斧沉舟的創業方法風險極高，毫無經驗的年輕人亂闖亂撞，容易投資失利。

B. 有航空公司職員非法制造機票，並在網上轉售圖利，最終被捕。

C. 小明鬼鬼祟祟地從更衣室走出來，然後急急離去，他不會是剛偷了東西吧？

D. 這齣電影是在緊絀資源與惡劣環境下拍攝的，我們一定要入場觀看，支持一下！

6. 選出有錯別字的句子：

   A. 電視台的節目符合港人口味，才切合公眾利益，這是港人期望和相關法例對電視台的基本要求。

   B. 現時本港做導管類型手術的醫生，並無規定必須經過培訓和取得相關資格。

   C. 兩所機構中，一個以慈善團體名義注冊，一個以商業機構身份注冊。

   D. 當我們忙碌到極點之時，突然有人致電推銷貸款、美容、電訊等產品，極為討厭，但是除了狠狠收線之外，我們根本無可奈何。

7. 選出有錯別字的句子：

   A. 政府着力透過基建和政策，提供優良的營商環境和配套，不提供具體補貼，以免扭曲市場和構成不公平競爭。

   B. 聖士提反女子中學擱置轉為直資，事件雖然暫告一段落，但驅使傳統名校轉直資的誘因並未消除，直資制度的真正問題並未解決。

   C. 對於公開試成績達到大學最低收生要求的學生，目前大學學位的僧多粥小情況，嚴格而言對他們有欠公平。

   D. 特首願意落區聆聽民意揣摩民情，當然較閉門造車為佳，但如果落區的安排不理想，根本事與願違。

8. 選出有錯別字的句子：

A. 謾罵不單無法修補社會的裂痕，反而更加深了雙方的猜忌，令社會繼續斯裂，對誰也沒有好處。

B. 鑑於醫護人于和醫療設施不足，在龐大的總需求面前，公私營協作即使成功，仍然顯得杯水車薪。

C. 如果欠缺包容，大家各走極端，社會利益的重新分配就要經歷痛苦甚至流血的過程，這足供一些利用各種激化手段祈求推進民主者引以為鑑。

D. 校本評核有很多灰色地帶，例如讓學生帶返家做作業，會否有槍手代勞，已難查究。

9. 選出有錯別字的句子：

A. 因為西方文明進步，人由萬物主宰開始懂得尊重其他生命，尊重環境，這已成為當今普世價值，衡量文明的標準。

B. 1995年我首次踏足上海，不久後來到香港，從此義無反顧地愛上粵語。

C. 一篇好的歌詞，要精準地把作者心中所想的意象表達出來，而且要為接收者提供一個新的角度觀看題材中所寫的事。

D. 他擅長用水臘筆和木顏色筆作畫，利用層層敷設的筆觸，顯出豐厚的顏色質感，畫面總顯得柔和、清新。

10. 選出有錯別字的句子：

   A. 每年，不少辛辛學子寒窗苦讀，透過公開考試，披荊斬棘，爭取成為尖子，擠進大學窄門。

   B. 曾經，澳門與香港同樣有水貨客搶購奶粉，但澳門政府的應對乾脆利落，問題迅速解決。

   C. 雖然香港逾七成食水來自東江水，但香港的水塘基建仍十分重要。

   D. 假如政府耗用大量公帑打官司，爭取回來的亦未必是對港人有利的結果，那又何苦呢？

11. 選出有錯別字的句子：

   A. 我相信，將來人在天上的位置，將會拿掉塵世的榮華虛名，而跟據善良與否重新排定。

   B. 我們的時代是競爭最激烈的時代，也是最需要互助的時代。

   C. 意志薄弱而經不起挫折的人往往有一套自我寬解的概念，就是把所有過錯都推諉到環境。

   D. 有些人忙著貪圖安定和舒適的個人生活，不肯下工夫為社會辦點事。

12. 選出有錯別字的句子：

A. 她的眼睛有時明亮，有時詭譎，總之像漩渦一樣，直把你捲走。

B. 既然一切終歸都會消滅，現在所做的一切，有何意義？旁人目光又有何干？

C. 從前，財閥主宰着國家的政治、經濟與司法的命脈，甚至比總統的權力更大。

D. 政客的言論，總會向市民提供似事疑非的背景、細節，卻迴避了核心的問題。

13. 選出有錯別字的句子：

A. 海難中，醫護、救傷人員為了救亡，無視自己身上傷勢，忘卻「落更」和休息，一心一意為救更多的人。這是人性在危難中綻放出的耀眼光芒。

B. 十五年了，物換星移，唯有集體記憶與歷史無法被竊走。

C. 香港人向來善忘，媒體上鬧得再轟動的事，不消三幾個月就會冷卻。

D. 面對死亡，有些人的哀傷會表露無遺，有些則比較壓抑，亦有人感到憤怒，覺得被遺棄、被背叛。每個人表達情感的步伐也不一樣。

14. 選出有錯別字的句子：

A. 他在比較、競爭、追名逐利、虛榮中忙碌了大半生，卻失去了自我。

B. 曼聯周中的比賽取消，球員變相有一星期的休息時間，明晚可望在以逸代勞下痛擊對手。

C. 水光中輪轉著的石頭多得數不清，坦坦蕩蕩氣度不凡地佔據了海灘。

D. 醫學研究發現，經常熬夜工作的人，較一般上班族更易患有心血管及腸胃毛病。

15. 選出有錯別字的句子：

A. 雪洞屋內有個冰酒場，提供各式各樣的清酒，幫助遊人驅除寒意。

B. 嬰兒臉上的暗瘡一般於出生後三個月內自然消失，毋須特別治療。

C. 學生在課後要善用網絡設備和學習平台，努力學習，發掘新知識。

D. 客廳牆上掛著我們的全家幅，爸爸經常用布拭抹，珍而重之。

答案與解釋

1. 答案： B。正確寫法：A. 令人印象深刻，C. 遭受處分，D. 各適其適

2. 答案： D。正確寫法：A. 雕塑，B. 大型，C. 沸沸揚揚

3. 答案： A。正確寫法：B. 點綴，C. 迥異，D. 特色

4. 答案： D。正確寫法：A. 唾手可得，B. 莫名其妙，C. 慎防

5. 答案： D。正確寫法：A. 破釜沉舟，B. 製造，C. 鬼鬼祟祟

6. 答案： C。正確寫法：註冊　　　　**7. 答案：** C。正確寫法：僧多粥少

8. 答案： A。正確寫法：撕裂　　　　**9. 答案：** D。正確寫法：蠟筆

10. 答案： A。正確寫法：莘莘學子　　**11. 答案：** A。正確寫法：根據

12. 答案： D。正確寫法：似是而非　　**13. 答案：** C。正確寫法：善忘

14. 答案： B。正確寫法：以逸待勞　　**15. 答案：** D。正確寫法：全家福

第二種考核題型：分辨正確或錯誤的簡體字

知多一點：簡體字有官方依據？

由中國國務院發表的《簡化字總表》（1986年修訂）分三表，「第一表」列出了不可作簡化偏旁使用的簡化字，「第二表」收錄簡化偏旁和可作簡化偏旁用的簡化字。「第三表」是用「第二表」的簡化字和簡化偏旁類推出來的字。

甲. 破解簡化字題目

出外用膳，我們很多時會看見一些不合乎規範的簡化字，久而久之令我們混淆正字的寫法。舉幾個常見例子：

例1：蛋（沒有簡化字）

我們常在餐廳看見「旦」字，如「餐旦飯」、「滑旦牛肉飯」等，但「旦」並非「蛋」的簡化字──「蛋」根本沒有簡化字！

例2：飯（簡化字：饭）

我們要小心檢查試題中有兩個或以上偏旁的字。如「飯」字左右偏旁均需簡化，所以「反」並不是「飯」字的簡化字！

換句話説，面對這類題目，我們要留意：

破解簡化字題目三大重點：

1. 會不會有些字詞根本沒有簡化字呢？

2. 兩個或以上偏旁的字，是不是左右偏旁均有簡化呢？

（當然有些偏旁不能簡化，如「詞」字的簡化字是「词」，右面「司」字偏旁不能簡化）

3. 留意日文漢字與簡體字的分別，不要天真的以為偏旁簡化了，筆畫比繁體字少了就是簡體字，日文漢字與簡體字同樣會把繁體字「簡化」。例如「樂」字的簡體字是「乐」，日文漢字是「楽」。

乙. 漢字簡化的主要原則

1. 保留原字輪廓：如慮（虑）。

2. 簡化偏旁：如歡（欢）、戰（战）。

3. 採用古字：如聖（圣），禮（礼），無（无），塵（尘）等字。

4. 同音字取代原字：如「里」代裏，「丑」代醜。

5. 草書楷化：如專（专）、東（东）。

6. 另做新字：如雙人為從（从），三人為眾（众）。

丙. 備試方法

1. 平日對廣告、食肆內的簡體字多抱懷疑態度。使用智能手機的朋友可以下載一個字典APP，那便隨時隨地可以翻查簡體字的寫法了！

2. 多做相關練習

3. 平日嘗試閱讀簡體字書籍或文章

4. 認識常見日文漢字的寫法

練習題

CHAPTER ONE
CRE簡介

CHAPTER TWO
試題練習

CHAPTER THREE
模擬試卷

CHAPTER FOUR
常見問題

1. 請選出下面簡化字錯誤對應繁體字的選項：

    A. 龠→籲

    B. 语→語

    C. 协→協

    D. 疗→療

2. 請選出下面簡化字錯誤對應繁體字的選項：

    A. 势→勢

    B. 关→關

    C. 叶→葉

    D. 旦→蛋

3. 請選出下面簡化字錯誤對應繁體字的選項：

    A. 写→寫

    B. 学→學

    C. 曾→增

    D. 拟→擬

4. 請選出下面簡化字錯誤對應繁體字的選項：

    A. 贴→貼

    B. 实→實

    C. 书→書

    D. 早→蚤

5. 請選出下面簡化字錯誤對應繁體字的選項：

    A. 丰→豐

    B. 仆→赴

    C. 虑→慮

    D. 干→幹

6. 請選出下面簡化字錯誤對應繁體字的選項：

    A. 游行→遊行

    B. 将領→將領

    C. 节奏→節奏

    D. 怀旧→懷舊

7. 請選出下面簡化字錯誤對應繁體字的選項：

    A. 念→諗

    B. 运→運

    C. 云→雲

    D. 鸡→鷄

8. 請選出下面繁體字錯誤對應簡化字的選項：

A. 前後→前后

B. 頭髮→头发

C. 肝臟→干脏

D. 驚擾→惊扰

9. 請選出下面繁體字錯誤對應簡化字的選項：

A. 促進→促进

B. 疑懼→疑惧

C. 欄杆→栏杆

D. 才藝→才芸

10. 請選出下面繁體字錯誤對應簡化字的選項：

A. 錯漏百出→错漏百出

B. 心有餘悸→心有余悸

C. 鬱鬱不歡→郁郁不欢

D. 眾裡尋他→从里寻他

11. 請選出下面繁體字錯誤對應簡化字的選項：

    A. 雙重打擊→双重打击

    B. 新陳代謝→新陈代谢

    C. 工廠大廈→工广大厦

    D. 保家衛國→保家卫国

12. 請選出下面繁體字錯誤對應簡化字的選項：

    A. 噴霧器→喷雾器

    B. 東南亞→东南亚

    C. 實驗室→实验室

    D. 藥劑師→药剂师

13. 請選出下面繁體字錯誤對應簡化字的選項：

    A. 大展鴻圖→大展鸿图

    B. 逾期歸還→俞期归还

    C. 自動轉賬→自动转账

    D. 極大負擔→极大负担

14. 請選出下面繁體字錯誤對應簡化字的選項：

    A. 迴避問題→回避问题

    B. 檢討得失→检讨得失

    C. 穩中求勝→稳中求胜

    D. 無邊無際→无边无际

15. 請選出下面繁體字錯誤對應簡化字的選項：

    A. 無恥→无止

    B. 粉麵→粉面

    C. 運氣→运气

    D. 導讀→导读

16. 請選出下面繁體字錯誤對應簡化字的選項：

    A. 牽連→牵连

    B. 這個→这个

    C. 舞廳→舞厅

    D. 用處→用处

17. 請選出下面繁體字錯誤對應簡化字的選項：

    A. 戰勝→战胜

    B. 獲得→获得

    C. 鋼鐵→钢鉄

    D. 崗位→岗位

CHAPTER ONE
CRE 簡介

CHAPTER TWO
試題練習

CHAPTER THREE
模擬試卷

CHAPTER FOUR
常見問題

答案與解釋

1. **答案：** A。正確對換：吁→籲

2. **答案：** D。「蛋」字不能簡化

3. **答案：** C。「增」字不能簡化

4. **答案：** D。正確對換：蝨→虱

5. **答案：** B。「赴」字不能簡化

6. **答案：** B。正確對換：将领→將領

7. **答案：** A。正確對換：谂→諗

8. **答案：** C。正確對換：肝臟→肝脏

9. **答案：** D。正確對換：才藝→才艺

10. **答案：** C。正確對換：眾裡尋他→众里寻他

11. **答案：** C。正確對換：工廠大廈→工厂大厦

12. **答案：** B。「亞」的簡體字是「亚」，不是「亜」。

13. **答案：** B。正確對換：逾期歸還→逾期归还（「逾」字不能簡化）

14. **答案：** D。正確對換：無邊無際→ 无边无际

15. **答案：** A。正確對換：無恥→无耻

16. **答案：** C。正確對換：舞廳→舞厅

17. **答案：** B。正確對換：鋼鐵→ 钢铁

CHAPTER ONE
CRE 簡介

CHAPTER TWO
試題練習

CHAPTER THREE
模擬試卷

CHAPTER FOUR
常見問題

（三）
句子
辨析

I. 分辨語病句：

考核考生對中文語法的認識，辨析句子結構、邏輯、用詞、組織等能力。

II. 分辨邏輯錯誤句子：

病句的種類不少，邏輯錯誤也是其中一種。由於公務員事務局網頁中特別有一題例題關於這類病句，所以我們亦不能輕視這種題型。

第一種考核題型：分辨語病句

要又快又準答對這類題目，我們先要認識常見的六大語病句類型：

病句類型1：搭配不當

每個詞彙詞義有別，在使用上亦有一定限制，我們必須根據語法要求使用詞彙，否則就犯上搭配不當的毛病。

這類病句在CRE考試中最為常見。我們要檢查句子的動詞與賓語。

例：選出有語病的句子：（轉載自「公務員事務局」網頁）

A. 校方經過多次磋商後，終於釋除了學生會的疑慮和要求。

B. 港府發言人表示，雙方還有不少問題待解決，他寄望港粵邊界劃分很快會有結果。

C. 大學生活有苦有樂，當中少不了的是趕功課時通宵達旦的那種滋味。

D. 在預科時，我也學過實用文寫作，可惜現在全都忘記了。

分析：答案是A。「和」字有並列意思，即句子按理能變成「終於釋除了學生會的疑慮，釋除了學生會的要求。」然而，只有「疑慮」能「釋除」，「要求」是不能配搭「釋除」的。這就是搭配不當的病句。

改正病句：校方經過多次磋商後，終於既釋除了學生會的疑慮，又答允了他們的要求。（「要求」可以配搭「答允」）

考試貼士：小心留意試題中像A項般「動詞+名詞+名詞」或「動詞+動詞+名詞」的組合！

病句類型2：成分重複

成分重複就是指，一句句子中有某些詞彙的意思重疊，變成蛇足，需要刪去其一。

例：下列各句中沒有語病的一句是：（內地高考試題，2003年）

A. 當時全校不止有一個文學社團，我們的「海風社」是最大的，參加的學生縱跨三個年級，並出版了最漂亮的文學刊物《貝殼》。

B. 參加這次探險活動前他已寫下遺囑，萬一若在探險中遇到不測，四個子女都能從他的巨額遺產中按月領取固定數額的生活費。

C. 針對國際原油價格步步攀升，美國、印度等國家紛紛建立或增加了石油儲備，我國也必須儘快建立國家的石油戰略儲備體系。

D. 這一歌唱組合獨立創作的高品質詞曲以及演唱中表現出的音樂天分和文化素養，很難讓人相信這是平均年齡僅20歲的作品。

分析：答案是A。B項中「萬一」和「若」都有假設之意，這是成分重複，刪去其一即可。

改正病句：參加這次探險活動前他已寫下遺囑，萬一在探險中遇到不測，四個子女都能從他的巨額遺產中按月領取固定數額的生活費。

病句類型3：成分殘缺

句子基本成分有主語、謂語和賓語，其中主語和謂語缺一不可，否則便是犯上成分殘缺的毛病。

例：下列各句中沒有語病的一句是：（內地高考試題，1997年）

A. 為了全面推廣利用菜籽餅或棉籽餅餵豬，加速發展養豬事業，這個縣舉辦了三期飼養員技術培訓班。

B. 他們在遇到困難的時候，並沒有消沉，而是在大家的信賴和關懷中得到了力量，樹立了克服困難的信心。

C. 儲蓄所吸收儲蓄額的高低對國家流動資金的增長有重要的作用，因而動員城鄉居民參加儲蓄是積累資金的重要手段。

D. 他平時總是沉默寡言，但只要一到學術會議上談起他那心愛的專業時，就變得分外活躍而健談多了。

分析：答案是C。A項中「推廣」是及物動詞，而句中缺少與之呼應的賓語，因此犯上了成分殘缺的毛病。

改正病句：為了全面推廣利用菜籽餅或棉籽餅餵豬的方法，加速發展養豬事業，這個縣舉辦了三期飼養員技術培訓班。

病句類型4：語序不當

語序不當是指詞語在句中的位置安排不當。

例：月台上正站著一位俊俏的男士。

分析：這句句子的主語和賓語位置倒轉了！

改正病句：一位俊俏的男士正站在月台上。

病句類型5：詞性誤用

所謂詞性誤用，是把甲類詞誤作乙類詞使用，如動詞誤作形容詞使用，名詞誤作形容詞使用等。

例1：這趟旅程當中，我們見聞了許多有趣的事物。

分析：「見聞」是名詞，這句誤作動詞使用，應改為「遇見」。

例2：這個人説話很挖苦，人人都討厭他。

分析：「挖苦」是動詞，這句誤作名詞使用，應改為「這個人説話老是挖苦人……」。

病句類型6：用詞不當

「用詞不當」涵意廣泛，上文提到的「配搭不當」、「詞性誤用」也可歸入此類，這裡特別再舉兩種CRE考試中常見的用詞不當類型。

A. 錯用關聯詞／連詞

例1：只要這部跑車沒有油，它就不能夠行駛，成了一堆不能運動的鋼鐵廢物。

分析：關聯詞「只要」用法不當，應改為「如果」。

B. 錯用代詞

例2：《老表！哈哈哈生活》是偉傑的一篇反映社會現況的小說，他用詼諧的語言表現了升斗市民悲苦的生活。

分析：此句話指代不清。句中的「他」只能指代《老表！哈哈哈生活》這部小說，並不能指代偉傑。建議把「他」改為「作者」。

語病題應試技巧

1. 簡化句子結構，保留句子的主、謂、賓成分，去掉其餘枝節。

2. 留意詞語搭配

3. 檢查關聯詞／代詞。

4. 留意試題中「動詞＋名詞＋名詞」或「動詞＋動詞＋名詞」的組合（詳見病句類型 1 說明）

例：下列句子，沒有語病的一項是：（2013內地高考廣東試題）

A. 為滿足與日俱增的客流運輸需求，緩解地鐵線路載客，近日，廣州地鐵三號線再增加一列新車上線運營。

B. 有關部門負責人強調，利用互聯網造謠、傳謠是違法行為，我國多部法律對懲治這類行為已有明確規定。

C. 神木縣屬陝北黃土丘陵區向內蒙古高原的過渡地帶，境內煤礦資源主要分布在北部的風沙草灘區，生態環境非常脆弱，一旦破壞，短期內難以一時恢復。

D. 最近紐約市頒布了一項禁令關於禁止超市、流動販賣車、電影院、熟食店等銷售大劑量含糖飲料，以控制日益嚴重的肥胖現象。

　　你能應用上述技巧，找出這題的答案嗎？

檢查A項：

應用技巧1：簡化句子結構

為滿足與日俱增的客流運輸需求，緩解地鐵線路載客，近日，廣州地鐵三號線再增加一列新車上線運營。（刪去形容詞和事件細節）

應用技巧2：留意詞彙搭配

分析：我們會發現，「為滿足……需求，緩解……載客」一句中，「緩解」與「載客」不能配搭：只能「緩解」一個「問題」、「情況」等，絕不能「緩解」「載客」。所以A項有語病。

檢查B項：

應用技巧1：簡化句子結構　　**應用技巧2**：留意詞彙搭配

有關部門負責人強調，利用互聯網造謠、傳謠是違法行為，我國多部法律對懲治這類行為已有明確規定。

分析：詞彙搭配、句式均沒有問題，所以答案是B。

檢查C項：

應用技巧1：簡化句子結構　　**應用技巧2**：留意詞彙搭配

神木縣……境內煤礦資源……分布在……區，生態環境……脆弱，一旦破壞，短期內難以一時恢復。

分析：詞語重複，「短期」與「一時」必須刪去其一。

檢查D項：

應用技巧1：簡化句子結構　　**應用技巧2**：留意詞彙搭配

最近紐約市頒布了一項禁令關於……含糖飲料，以控制日益嚴重的肥胖現象。

分析：簡化句子結構後，你會發現句子詞序不當的問題。考生應把「禁令」移到「含糖飲料」後。

練習題

1. 下列各句中有語病的一句是：

A. 這首動人的音樂，令我們聽出耳油，演奏者肯定不是等閒之輩。

B. 很多人遇到挫折的時候，只會逃避現實不敢面對。他們欠缺的是解決當前問題的信心。

C. 房價走勢如果要在今年穩定下來，房價調控顯然是其中一個關鍵的手段。

D. 每當蹲在這尊雕塑前，使我產生很多很多有趣的、古怪的聯想。

2. 下列各句中有語病的一句是：

A. 商品大王羅傑斯表示，美股牛市正向終點推進，一旦牛市結束，金融市場將會出現大震盪。

B. 好學的小柔已學習手語一段日子，現已能夠用手語應付日常溝通。

C. 我們的生命在一分一秒的消逝著，平常我們或許不太覺得，但細想起來實在值得警惕。

D. 這位老作家的晚年，即使臥病在床，仍然頭腦清晰，寫下多篇文學水平極高的佳作，真令人佩服得五體投地。

3. 下列各句中有語病的一句是：

A. 成群的燕鷗在島上自由自在飛翔，沒有人類的威脅，牠們的生活可真令人羨慕。

B. 學校要加強宣傳，以提高學生對硬筆書法的重要性，否則往後莘莘學子的字只會七歪八倒，愈來愈醜。

C. 與老子的道論哲學不同，莊子道論哲學則強調人與道合為一體。

D. 有人認為減價是最有效穩定銷路的一種策略，但假如雜誌質素差劣，即使免費贈閱也不會有人看。

4. 下列各句中有語病的一句是：

A. 海洋強國應包括海洋經濟發達、海洋科技創新先進、海洋資源開發能力和海洋綜合管控能力強大等多重含義。

B. 近年A公司在華東、廣東地區多次陷入經營不善的困境，A公司的董事正積極籌謀應對。

C. 天還沒亮，機場的離境大堂便擠滿了數千名歡送曼聯球星的人群。

D. 法國一直到1814年拿破崙被罷黜後，浪漫主義才得以有較大的發展。

5. 下列各句中有語病的一句是：

A. 今天通過參觀，使我們深深感受到莎士比亞作品的魅力。

B. 居里夫人成功取得諾貝爾獎以後，科學界保守勢力對她的攻擊和壓抑還沒有停止。

C. 古希臘人對文明及智慧的熱忱，表現在他們熱衷參與議事和辯論之中。

D. 無論如何，我們也不同意以「婦女解放」為托詞，美化市場操控女體的消費文化。

6. 下列各句中有語病的一句是：

A. 台灣政府近年大幅提高外傭待遇，外傭工資得以和當地工人看齊，但這對僱主而言，不一定是好事。

B. 無論手機如何發達、時代如何變遷，閱讀童話故事依然是孩童成長中不可缺少的一部分。

C. 如果上班族每天都能早點下班回家，與子女、伴侶相聚，談談天、看看書，這種生活不是很溫馨嗎？

D. 在狹小的雜物房內，你一句，我一句，大家都放聲唱起歌來，真是四面楚歌。

7. 下列各句中有語病的一句是：

A. 這些小孩子都在沒有成人陪同下，自行安排行程、搜集資料，用自己的力量出國旅行，體驗世界。

B. 竹節蟲不僅體色極像一根竹子，體形在靜止時完全與竹子無異。

C. 喜歡看書的人，無論到甚麼地方旅遊，也不會錯過該地的書店。

D. 有遠見的投資者會密切留意市場上各種因素，從而制定周密的計劃和策略。

8. 下列各句中沒有語病的一句是：

A. 那飛舞著蝴蝶的花叢，樹上纏繞著藤蔓的綠葉，以及高聳入雲的山峰，深深地吸引著我們幾個。

B. 這個作者沒有仔細觀察現實生活中人與人交流的動態，只憑想像下筆，結果發展出一些不恰當的情節，反而大大減弱了作品的可觀性。

C. 受浪漫主義的影響，劇作家的作品大都充滿雄奇的想象，展現鮮明強烈的個性，而且強調個人情感因素，自由奔放。

D. 若你提高網上理財的轉賬額，請於8月31日前於ABC銀行網站下載相關表格，並於填妥後交回任何ABC銀行分行。

9. 下列各句中沒有語病的一句是：

A. 一個人在面對大是大非抉擇時，應該選擇沉默，還是不顧一切，挺身而出？

B. 我和你每天一起工作，彼此的距離看似多麼的接近，但實際距離卻無遠弗屆，真令人心傷。

C. 年幼或認知能力較弱的兒童，較常有自我感官刺激。

D. 公司本年度將錄得30萬元財政盈餘，主要由於其買賣收入創歷史高位，加上開支較預期為高。

10. 下列各句中沒有語病的一句是：

A. 中五學年我讀了莎士比亞十多部作品，所以他是一位文學大家。

B. 文章細緻的描寫了媽媽對女兒不問回報的付出，讀來楚楚動人，有很強的感染力。

C. 為了買到某天王巨星的演唱會門票，天未亮便陸續有人來排隊了。

D. 外傭不僅令不少香港婦女可以投身勞動市場，亦減輕了其他有不同需要的家庭的家務負擔。

答案與解釋

1. **答案：** D。句式混亂，要修改此句，可選擇刪去「每當」，或者將逗號後的分句改為「我會產生很多很多有趣的、古怪的聯想」。

2. **答案：** B。主語應為「老作家」而非「老作家的晚年」。

3. **答案：** B。「學校要加強宣傳，以提高學生對………重要性，……」簡化句子後，很明顯發現不能「提高」學生「對某件事的重要性」。應在「重要性」後加上「的認識」。

4. **答案：** C。「數千名」不能配搭「人群」，應把「人群」改為「球迷／粉絲」等。

5. **答案：** A。欠主語。

6. **答案：** D。

7. **答案：** B。在「體形」前加上「而且」。

8. **答案：** C。

A項： 句式混亂，應刪去「樹上」。

B項： 應刪去「反而」。

D項： 「……提高網上理財的轉賬額」前，應加上「要／需要／需」等字眼。

9. **答案：** A。

B項： 配搭不當。「無遠弗屆」是指「不管多遠之處，沒有不到的」。「距離」不能「無遠弗屆」，只有「力量/影響力」才能無遠弗屆。

C項： 欠賓語。應在「刺激」後加上「行為」。

D項： 邏輯有誤。「開支較預期為高」應改為「開支較預期為低」。

10. **答案：** D。

A項： 邏輯有誤。前後兩句毫無關係。

B項： 使用對象錯誤。「楚楚動人」只能形容女性，不能形容死物。

C項： 「陸續有人」應改為「有人陸續」。

第二種考核題型：分辨邏輯錯誤句子

基礎知識：

什麼是邏輯？什麼是邏輯錯誤？

當我們提出一個看法或論點時，必須經過論證，才能令其他人信服。一個論證一般包括三部分：前提、推論和結論。邏輯就是我們思考推論的過程，假如當中出錯，就是犯上邏輯錯誤。

要回答這類題目，我們必須清楚常見的邏輯錯誤：

第一種常見邏輯錯誤：非黑即白

例1：

只有一直堅持，永不放棄，才會成功。四甲班那個學生沒有取得成功，可見他是一個容易放棄的人。

例2：

只有水量合適，農作物才能豐收。今年農作物沒有豐收，所以今年水量不合適。（轉載自「公務員事務局」網頁例題）

分析：這兩個推論明顯都是不合邏輯的。

例子1：

四甲班那個學生沒有取得成功，未必代表他容易放棄。「一直堅持，永不放棄」是成功的必要條件，而非唯一條件。可能那個學生「一直堅持，永不放棄」，但欠運氣，所以做事最終不成功。因此，例1是非黑即白的錯誤。

同一道理，例2你能試試自己解釋嗎？

第二種常見邏輯錯誤：自相矛盾

例：

他的十個預測完全準確，只是最後一個有點差誤。（轉載自「公務員事務局」網頁.公務員中文運用.例題）

分析：既然所有預測也準確，又何來有預測出現差誤呢？

第三種常見邏輯錯誤：滑坡論證

當一個人舉列一連串後果，但大多是沒有根據而且誇張失實的時候，就是犯了這種邏輯謬誤。

例：

立法容許設立紅燈區是不道德的，因為這會導致嫖妓的人數上

升，長遠而言會影響男士的生產力，甚至禍及整個香港的經濟。

分析：立法容許設立紅燈區會否導致嫖妓的人數上升，已屬疑問（未經證實），又何以能夠推論出設立紅燈區後會「影響男士的生產力」和「禍及整個香港的經濟」？理據何在？

第四種常見邏輯錯誤：循環論證

先預設結論為真，再推論出結論。但結論尚未論證，豈能先當為真？

例：

殘害動物是不人道，因為這樣不尊重生命。而殘害動物之所以不尊重生命，正正因為這是不人道的。

第五種常見邏輯錯誤：以偏概全

這類觀點通常由一個或幾個沒有代表性的例子強行推出結論，也就是俗語所說的「一竹篙打一船人」。

例：

這幾天我都看見內地人在公眾地方便溺。你看！內地人都是不講衛生的呀！

分析：只看見幾個內地人不講衛生，又怎可能推論出所有內地人都不講衛生？一竹篙打一船人！

練習題

1. 選出沒有犯邏輯錯誤的句子：

   A. 雖然今年中文科公開試試題出錯，但我相信沒有一位考生
      會受影響。

   B. 如以普通話授課，教師在課堂將面對學生反應被動、高階
      思維活動受到限制等難題。

   C. 香港導遊普遍缺乏操守，例如早前導遊「阿珍」公然在旅
      遊車上辱罵遊客，所以香港旅遊業缺乏優質的導遊。

   D. 思賢既不能當選女班長，又沒有考過全級第一，可見她不
      是一位品學兼優的學生。

2. 選出有犯邏輯錯誤的句子：

   A. 今天我們將就兩位哲學家理論之間的共同點與差異進行比
      較，這兩種理論各自的局限性如何影響日後心理學理論的
      建議與發展。

   B. 關於「人馬」概念的界定，目前並沒有定論，學者大多依
      據自己的理解各提意見。

   C. 既然為外傭訂立最低工資沒有導致本地傭工失業，因此港
      府制訂最低工資也不會導致失業問題。

   D. 教學語言的改變，可能影響到課堂的溝通和傳意，進而影
      響教學效能。

3. 選出有犯邏輯錯誤的句子：

A. 你知道嗎？中國神話可分為神話、傳說和仙話三種。

B. 儒家是不是宗教？這個問題必須放在這個歷史背景中去了解，才比較真切。

C. 通過上網來尋求人與人之間的互相關心、理解和尊重，是青少年網民的上網動機。

D. 這間新鋪門外寫著「全店貨品九五折，新到款式八折」，我們快進去逛逛吧！

答案與解釋

1. **答案：** B。

A項：自相矛盾。按照文意，「考生」是指參與公開考試的學生。試題出錯，雖然未必可以説所有考生皆受影響（不排除有學生沒考此科），但不可能沒有考生不受影響。

C項：以偏概全。只以「阿珍事件」一個例子，又怎能推論香「香港旅遊業缺乏優質的導遊」？

D項：以偏概全。「不能當選女班長」及「沒有考過全級第一」也不代表思賢不是一位品學兼優的學生。

2. **答案：** C。外傭訂立最低工資當然不會導致本地傭工失業，因為外傭的市場與本地傭工的市場根本不同。

3. **答案：** D。自相矛盾：新到款式應包括在全店貨品之內。

（四）
詞句
運用

這部分旨在測試考生對詞語及句子運用的能力。

考核題型：
選出正確的詞語╱ 成語╱ 熟語╱ 短句，填入句中。

第一部分：破解成語╱ 詞語運用題的四個關鍵

基礎知識：

「成語」和「四字詞組」的分別：

雖然「成語」和「四字詞組」都由四個字組成，但成語中四個字的結構固定，不能任意轉換。例如「狐假虎威」這個成語指人仗勢欺負別人，我們不能任意改動這個成語的任何一字，否則便會變成非驢非馬的笑話。至於「四字詞組」中部分成分則可由別的字眼替代，如「無比興奮」則可改為「十分興奮」、「異常興奮」、「非常興奮」等亦不影響詞義。

1. 正確理解詞語的意思，不能望文生義；

　　不少成語出自歷史典故或古詩文，假如我們單從字面上去理解，往往會不明所以。例如「囫圇吞棗」一詞，我們單看字面意思，根本無法知道這個成語的真正含意，直到我們了解成語典故後，才能知道這個成語的引申義指我們在學習時不求甚解、生吞活剝的態度，是個貶義詞。

　　有時候，我們甚至會被成語的表面意思誤導，望文生義，鬧出笑話：

例1： 每天早晨，她都會相約家庭主婦，指手畫腳地鍛鍊太極拳。

分析： 「指手畫腳」是形容說話時做出各種動作，表現說話時得意忘形，亦有指點、辱罵、抨擊別人之意，是個貶義詞，並不能形容鍛鍊太極拳時的動作，這就是望文生義的例子，可把「指手畫腳」改為「沉肩墜肘」。

「指手畫腳」正確示例：這次專題研習中，他不但沒有分擔任何工作，而且還指手畫腳地批評其他組員的表現，令人討厭。

例2： 今年的春天氣溫特別和暖，中海公園未到三月便已經渙然冰釋，讓喜歡滑冰的人大失所望。

分析：「渙然冰釋」比喻人與人之間的疑慮、誤會或隔閡一下子就像冰塊融化般完全消除。此句的作者明顯是望文生義，可把「渙然冰釋」改為「逐漸融化」。

「渙然冰釋」正確示例：當他看到事實的真相後，他和向華之間的誤會渙然冰釋，並且重修舊好了。

2. 注意詞語的使用範圍：

成語也好，詞語也好，都有具體的適用對象、範圍，或人或事，不能張冠李戴。

例：小珊雖然領取政府的援助生活，但她不但不是拾人牙慧，反而經常主動擔任義務工作。

分析：拾人牙慧：貶義詞，比喻抄襲別人的說話或文章。這句中小珊根本沒有引用任何人的說話和文章，因此拾人牙慧使用不當，可改為「好逸惡勞」。

「拾人牙慧」正確示例：每次討論時，美兒總是拾人牙慧，沒有一點主見。

3. 注意詞語的感情色彩：

這就是說，留意成語或詞語在句子中有沒有犯上以褒為貶，或者以貶為褒的錯誤。

例：陳師傅雕刻技巧出神入化，與張師傅細緻工整的風格相比，真是半斤八両。

分析：八両：即半斤。一個半斤，一個八両，意思就是兩者沒有差別。「半斤八両」這個成語多用於貶義，這裡用來讚美兩位師傅出色的雕刻技巧，感情色彩並不協調，使用失當。

「半斤八両」正確示例：你們一個測驗三十分，一個二十五分，兩人半斤八両，同樣不及格，誰也不必取笑誰。

4.弄清所用詞語的前後語境，找出句中相關聯的資訊：

有時我們的學識有限，未必認識每個詞彙的意思；又或者選項之間的詞彙太相似，一時三刻無法判辨，這時我們可透過上文下理的提示，嘗試推斷答案。

例1：有些人認為漫畫家都是「神經質」的，但這種觀點是＿＿＿＿的。事實上，神經兮兮的漫畫家是很＿＿＿＿的，我所遇到的漫畫家都是非常成熟，待人接物大方得體。

填入橫線部分最恰當的一項是：

A. 正確 少見　B. 膚淺 稀缺　C. 偏狹 稀少　D. 錯誤 少見

分析：「事實上」三字後的內容，全是為漫畫家辯解的，可見作者不認同漫畫家是「神經質」的，所以第一個答案必定負面，可刪A；接著留意第二句「神經兮兮的漫畫家是很＿＿＿＿的……」，B項的「稀缺」一般只能形容資源；C項的「稀少」則只形容物件，不用於人，故只有D項正確。

這題中，每個選項的詞彙意思接近，我們唯有透過上文下理的提示，才能一步一步推出答案。

例2：孩子應該幹的和可以幹的事情，要讓他們自己去幹，父母不要＿＿＿＿。（山東省公務員考試行政職業能力測驗，2003年）

填入劃橫線部分最恰當的一項是：

A. 越俎代庖　　B. 指手畫腳　　C. 求全責備　　D. 姑息養奸

分析：

第一步：先不看答案。光憑句意，我們大約能推斷橫線上應填上含「插手」、「幫忙」等意思的成語。

第二步：細心觀察答案。只有A項「越俎代庖」有這個意思，「求全責備」指對人或事有十全十美的要求，與我們第一步推斷的意義不符；「姑息養奸」指助長壞人行惡，與題意不符。

如果選項不是詞彙，而是短句，處理的方式會有不同嗎？

例：「人生如戲。」人人都會這樣說，但是＿＿＿＿＿＿：不要以為人生如戲，就可以不必認真；就是因為是一場戲，無論是大小演員、台前幕後，也要認認真真的，合力做一齣人生的好戲。（轉載自「公務員事務局」網頁）

填入橫線部分最恰當的一項是：

A. 戲不是人人能演的

B. 劇目個個不同

C. 角色大小有別

D. 這句話的意義不是人人明白

CHAPTER ONE
CRE 簡介

CHAPTER TWO
試題練習

CHAPTER THREE
模擬試卷

CHAPTER FOUR
常見問題

分析：處理方式大致相同，我們可透過上文下理的提示，推出答案。

第一步：先不看答案。留意「但是」一詞，我們知道這個詞含有轉折的意思，第一句的意思為「『人生如戲。』人人都會這樣說」，那「但是」一詞後的意思應作相反意思，如「這句話的意義不是人人明白」、「戲不是人人能演的」，所以只有A、D有機會正確。

第二步：繼續留意上文下理的提示。「：」這個標點表示下文將解釋「但是＿＿＿＿＿＿」這句話的意思。由於「不要以為人生如戲……合力做一齣人生的好戲」這幾句似乎在重新解釋什麼是「人生如戲」，而並無解釋「戲是不是人人能演」，所以答案是D。

不可不知！15個容易望文生義的成語！

1. 半青半黃

錯誤示例：他氣得臉色半青半黃，氣鼓鼓的瞪著所有人。

分析：莊稼半熟半不熟，也比喻事物或思想未達到成熟階段。（往往被誤解為：臉色又青又黃。）

出處：《朱子全書》：「今既要理會，也要理會取透，莫要半青半黃，下梢都不濟事。」

2. 百裏挑一

錯誤示例：中小學內有特殊教育需要的學生愈來愈多，但能夠應對這類學童的教育心理學家卻是百裏挑一，極度缺乏。

分析：一百個裏只挑一個，形容極為優秀的人或物。（往往被誤解為：少之又少。）

3. 白頭如新

錯誤示例：退休後，小明和小張白頭如新，經常相約飯聚，懷緬中學時一起學習的愉快時光。

分析：白頭，指白髮，形容長。新，指初認識。形容兩個人相交時間雖久，但互不知心，與新認識無異，指彼此交情不深。（例句將其誤解為：友好到老。）

出處：鄒陽《獄中上書自明》：「語曰：白頭如新，傾蓋如故，何則？」

4. 不刊之論

錯誤示例：這篇文章文句沙石甚多，竟然還能在報刊上發表，簡直是不刊之論。

分析：比喻正確的、不能改動的言論。（例句將其誤解為：水平低而不能刊登的言論。）

出處：揚雄《答劉歆書》：「是懸諸日月不刊之書也。」

5. 付之一笑

錯誤示例：經過多月的努力追求，小美終於對小明付之一笑，小明的努力沒白費了！

分析：形容對別人的批評、對逆境一笑了之，表示毫不介意或理會。（往往誤解為：對著別人微微一笑。）

出處：陸游《老學庵筆記》卷四：「乃知朝士妄想，自古已然，可付一笑。」

6. 江河日下

錯誤示例：近年黃河多次出現斷流現象，面對這江河日下的情況，人們豈能坐視不理？

分析：貶義詞，比喻事物日趨衰落，情況一天不如一天。（例句將其誤解為：水流一天天在減少。）

出處：鄭燮《焦山別峰庵雨中無事書寄舍弟墨》：「豈得為日月經天，江河行地哉！」

7. 屢試不爽

錯誤示例：這個實驗他已經嘗試了很多次，可屢試不爽，不免令人心灰意冷。

分析：爽：差錯。這個成語指屢次試驗都沒有差錯。（例句將其誤解為：多次試驗都不成功，意思與原意相反。）

8. 馬革裹屍

錯誤示例：生前一年，他窮困潦倒，三餐不飽，死後只落得馬革裹屍的下場，令人惋惜。

分析：又作「馬革裹尸」。馬革：馬皮。用馬皮將屍體包裹起來，指英勇殺敵，戰死沙場。（例句將其誤解為：死後連埋葬的地方也沒有。）

出處：《後漢書》：「方今匈奴、烏桓尚擾北邊，欲自請擊之。男兒要當死於邊野，以馬革裹屍還葬耳，何能臥床上在兒女子手中邪？」

9. 明日黃花

錯誤示例：老師在畢業禮上語重心長地勉勵同學：「你們是明日黃花，一定要好好努力，奮發向上。」

分析：原指重陽節過後，菊花即將枯萎，便再也沒有什麼好玩賞的了。日後人們以「明日黃花」比喻過時的報道、消息和事物。（例句將其誤解為：未來的花朵。）

出處：《九日次韻王鞏》：「相逢不用忙歸去，明日黃花蝶也愁。」

10. 高山流水

錯誤示例：到達山腰，我們依欄欣賞著高山流水。

分析：比喻知音或樂曲高妙。（往往誤解為：高山和流水。）

11. 文不加點

錯誤示例：古人的著作往往文不加點，現代人實在看不慣。

分析：點：塗上一點，表示刪去。這個詞語是指寫文章一氣呵成，無須修改，形容文思敏捷，寫作技巧純熟。（例句將其誤解為：寫作時不加標點符號。）

出處：禰衡《鸚鵡賦序》：「衡因為賦，筆不停輟，文不加點。」

12. 望其項背

錯誤示例：曼聯的實力冠絕歐洲，亞洲球隊只能望其項背了！

分析：能夠望見別人的脖子和背部，表示趕得上或比得上。（不能誤解為：比不上、望塵莫及之意。）

出處：汪琬《與周處士書》：「言論之超卓雄偉，真有與詩書六藝相表裏者，非後世能文章家所得望其肩項也。」

13. 危言危行

錯誤示例：這個小國經常危言危行，令鄰近國家人民惶惶不可終日。

分析：説正直的話，做正直的事（危：正直），褒義詞。（不能誤解為：散佈危險言論，做危險之事。）

出處：《論語·憲問》：「邦有道，危言危行，邦無道，危行言孫。」

14. 細大不捐

錯誤示例：看到災民一副副可憐相，你竟細大不捐，一點同情心也沒有。

分析：指兼收並蓄，小的大的都不捨棄（捐：捨棄）。（例句將其誤解為：什麼都不捐獻。）

出處：韓愈《進學解》：「貪多務得，細大不捐。」

15. 胸無城府

錯誤示例：這位將軍胸無城府，最終輕易敗在關羽軍隊前。

分析：形容待人接物坦率真誠，為人沒有機心，作褒義。（不能誤解為：缺乏謀略。）

出處：《宋史·傅堯俞傳》：堯俞厚重言寡，遇人不設城府，人自不忍欺。

練習題

CHAPTER ONE
CRE 簡介

CHAPTER TWO
試題練習

CHAPTER THREE
模擬試卷

CHAPTER FOUR
常見問題

1. 公開試前夕，大部分學生都在埋頭苦幹，操練試題，可是＿＿＿＿＿＿＿？有些人平日課堂不認真，學科知識基礎弱，他們的考試成績已經在步入試場前注定了！

   填入橫線部分最恰當的一項是：

   A. 收到的果效又有多少呢

   B. 會有成效嗎

   C. 收到的果效真的很少嗎

   D. 他們的努力不是人人理解

2. 這些年來，你如此盡心盡力幫我，下輩子我即使「結草銜環」，＿＿＿＿＿＿＿。

   填入橫線部分最恰當的一項是：

   A. 我也忘不了你

   B. 我也會報答你

   C. 我也會好好生活下去

   D. 我也不會忘記你

3. 這位商人＿＿＿＿＿＿的營運手法，為公司贏得不少口碑。

填入橫線部分最恰當的一項是：

A. 含辛茹苦

B. 童叟無欺

C. 不屈不撓

D. 不肯放棄

4. 這只是我的＿＿＿＿＿＿，粗疏淺陋，還望台下各位多加指正。

填入橫線部分最恰當的一項是：

A. 一孔之見

B. 鴻圖大計

C. 一點意思

D. 一丘之貉

5. 對於是否興建主題公園，表面上我是＿＿＿＿的。不過，旅客的數量會不會因為這而＿＿＿＿，實屬疑問。因為早前對於本地導遊的負面報道，已經把不少旅客嚇跑了。

填入橫線部分最恰當的一項是：

A. 認同　減少

B. 贊成　增長

C. 樂觀　下跌

D. 反對　增加

6. 別看這位商人一年內買了幾個單位，便以為他是個可靠的富翁。我聽說他＿＿＿＿＿＿，家中的傭人差不多都開除了。

填入橫線部分最恰當的一項是：

A. 鐵石心腸

B. 殘暴不仁

C. 一貧如洗

D. 外強中乾

7. 老婆婆＿＿＿＿＿＿，誓要為枉死的姪女報仇，討回公道。

填入橫線部分最恰當的一項是：

A. 一簧兩舌

B. 咬牙切齒

C. 信誓旦旦

D. 野心勃勃

8. 坊間出版的刊物＿＿＿＿＿＿，家長如不替子女好好選擇，子女有可能因此接觸到不良資訊。

填入橫線部分最恰當的一項是：

A. 參差不齊

B. 良莠不齊

C. 好壞參半

D. 龍蛇混雜

9. 在娛樂圈打滾近十年，思思一直也在努力學習，＿＿＿＿＿＿。行內行外，思思看到感人的場景，眼淚都情不自禁的掉下來。所以她告訴自己：要改變！

填入橫線部分最恰當的一項是：

A. 當中也曾經歷一幕幕動人故事

B. 尤其要改變自己

C. 特別是「情緒管理」一環

D. 亦漸見成績

10. 除菌機操作簡便，開啟後無聲無味，適合在不同地方使用。＿＿＿＿＿＿，除菌機不能長時間受陽光直射，否則機身會凹陷變形。

填入橫線部分最恰當的一項是：

A. 除此之外

B. 更重要的是

C. 不過要注意的是

D. 在方便我們生活的同時

答案與解釋

1. 答案：A。　2. 答案：B。　3. 答案：B。　4. 答案：C。

5. 答案：B。　6. 答案：D。

7. 答案：B。A項比喻人胡言亂語，C、D項與題目語境不符。

8. 答案：B。　9. 答案：C。

10. 答案：C。這裡需要一個轉折的意思，提醒人使用除菌機時注意的地方。

第二部分：句子排序題

　　這類題目會給予考生5至6句句子，然後要求他們按照合理的邏輯順序依次排出。相比之前分析過的各種題型，句子排序題應該是最容易掌握的。因為只要你依照下列步驟解題，命中這類題目的機會很高；相反，語病題、錯別字題等牽涉的語文基礎知識較多，即使學會所有應試技巧，也不保證能輕易答對題目。

　　官方例題（轉載自「公務員事務局」網頁）：

選出下列句子的正確排列次序：

　　1. 其他成員包括政府人員及業外人士

　　2. 管委會的成員主要包括中醫藥業界人士

　　3. 負責執行各項中醫藥規管措施

　　4. 香港中醫藥管理委員會是一個獨立的法定組織

　　5. 在「自我規管」的原則下

　　A. 2-1-4-5-3

　　B. 4-2-1-5-3

　　C. 4-3-5-2-1

　　D. 5-4-2-1-3

句子排序題應試技巧

步驟1：留意選項的數字出現方式，刪除不可能的答案及判定第一句

我們先留意A、B、C、D的第一個數字。根據經驗，四個選項的第一個數字至少有一個是重複的，例如：

A. 2-1-4-5-3

B. 4-2-1-5-3

C. 4-3-5-2-1

D. 5-4-2-1-3

在A至D的選項中，B、C項均以4作第一句，於是我會首先判斷：到底「句子4」能不能作為第一句，即一段文字的開首？

句子4：香港中醫藥管理委員會是一個獨立的法定組織

這句「主語+動詞+賓語」兼有，絕對可以作為一段文字的開首。

那什麼句子不能作為第一句？

答：最明顯的就是沒有主語或動詞的句子，如句子3「負責執行各項中醫藥規管措施」欠主語，明顯不可能作第一句。

步驟2：嘗試推斷答案

既然「句子4」極可能是第一句，那我便先試B和C的排序能否作為答案。最後，我們便能快速知道C是正確的。

假如我第一步判斷錯誤，B和C也不是正確答案，那該怎辦？

這時，如果細心留意A和D選項中相同與不同之處，你會發現：

- 3肯定排最尾；（相同）

- 2-1肯定要黏在一起；（相同）

- 4和5的次序（不同）

那我只須判斷4和5誰先誰後，就能輕易得出結論了！

可能你會覺得上述的方法很取巧，那其實還有不少方法作答的，例如根據句子的內容。一般而言，一段文字通常根據以下方式表述內容：

提出問題——分析問題——解決問題

提出成因——分析問題——提出解決方法

這個概念不是一成不變，但能幫助你判斷句子的先後次序！

練習題

1. 選出下列句子的正確排列次序：

   1. 當今傳媒不自律

   2. 極盡嘩眾取寵之能事

   3. 政府亦因此有責任挺身而出，立法監管傳媒

   4. 由此可見，心智未成熟的青少年非常容易受到此等淫褻及不雅的刊物影響

   5. 他們為求增加銷量吸引讀者，於是在報刊上刊登色情和暴力相片

   A. 3-1-2-5-4

   B. 3-2-1-5-4

   C. 1-3-5-2-4

   D. 1-5-2-4-3

2. 選出下列句子的正確排列次序：

    1. 讓歷屆畢業生聚首一堂

    2. 分別於北京及長沙舉行「新義工・新人類十週年晚宴」

    3. 一起回味當年共同研習時的生活趣事

    4. 適逢今年「新義工・新人類」計劃踏入第十個年頭

    5. 主辦人決定撥出十萬元

    A. 2-5-4-3-1

    B. 4-5-2-1-3

    C. 4-3-5-2-1

    D. 1-2-4-5-3

3. 選出下列句子的正確排列次序：

    1. 成績未如理想的考生難免要四出奔波籌謀出路

    2. 加強他們升學及就業的競爭力

    3. 正好為中六離校生和年滿21歲並有志進修的人士提供另一升學途徑

    4. 中學文憑試放榜，有人歡喜有人愁

    5. 向來講求學術與實務並重的毅進文憑

    A. 5-3-2-1-4

    B. 4-1-5-3-2

    C. 4-1-5-2-3

    D. 5-3-2-4-1

4. 選出下列句子的正確排列次序：

　　1. 但不能因此認為一切妥協也是不必要的

　　2. 因為原則本身就是道理，不用刻意再找論據證明

　　3. 無疑，堅持原則永遠都有其道理

　　4. 既然如此，為什麼每次一談到原則問題就毫無轉彎餘地呢

　　5. 例如他的參選就是一種妥協，也不違背原則

　　A. 3-2-1-5-4

　　B. 5-3-2-1-4

　　C. 1-4-5-2-3

　　D. 3-2-1-4-5

5. 選出下列句子的正確排列次序：

　　1. 仍屬未知之數

　　2. 保障內地遊客的權益

　　3. 然而這些純粹治標，未能治本

　　4. 是否足以恢復內地遊客來香港購物的信心

　　5. 旅遊業議會昨日宣布新措施，加強對無牌領導的懲處

　　A. 5-3-4-2-1

　　B. 5-3-2-1-4

　　C. 1-4-5-3-2

　　D. 5-2-3-4-1

6. 選出下列句子的正確排列次序：

1. 身體各部位的肌肉才會慢慢放鬆，減少痛楚

2. 雙腳都會有一定程度的酸疲

3. 這時千萬不要立即坐下或停下步伐

4. 每次跑步練習後

5. 應慢步走數分鐘，或做些舒展動作

A. 3-5-2-1-4

B. 5-3-2-1-4

C. 4-2-3-5-1

D. 4-5-2-3-1

7. 選出下列句子的正確排列次序：

1. 所謂「知而不行，就是未知」

2. 送雙親一件蛋糕、一束小花

3. 已經是孝的表現

4. 我們要以具體行動實踐孝道

5. 「孝」不是常常掛在嘴邊就能成事

A. 5-3-2-4-1

B. 1-4-2-3-5

C. 5-1-4-2-3

D. 4-2-3-1-5

CHAPTER ONE
CRE 簡介

CHAPTER TWO
試題練習

CHAPTER THREE
模擬試卷

CHAPTER FOUR
常見問題

8. 選出下列句子的正確排列次序：

1. 這反映他們在賺錢之餘，亦肩負社會責任

2. 酒樓承諾派發免費飯盒是好事

3. 再由他們轉送給有需要的人

4. 倒不如製作代用餐券，送給社福機構

5. 但與其每次要求長者大清早排隊輪候

A. 2-1-5-4-3

B. 5-1-4-2-3

C. 2-5-1-3-4

D. 5-4-3-1-2

9. 選出下列句子的正確排列次序：

1. 「老吾老以及人之老」是中國人「仁」的美德

2. 職員會定期上門探訪獨居長者

3. 由二零零六年起與多間老人中心一同舉辦「送暖行動」

4. 希望發揮社區互助力量

5. 公司成立至今一直致力關顧長者的需要

A. 5-2-1-4-3

B. 5-3-4-2-1

C. 1-3-2-5-4

D. 1-5-3-2-4

答案：

1. 答案：D。　2. 答案：B。　3. 答案：B。

4. 答案：A。　5. 答案：D。　6. 答案：C。

7. 答案：C。　8. 答案：A。　9. 答案：D。

CHAPTER THREE
模擬試題

中文運用
模擬練習卷（一）
限時四十五分鐘

＊＊＊＊＊＊＊＊＊＊＊＊＊＊＊＊＊＊

（一）閱讀理解

I. 文章閱讀（8 題）

文章一
幸福的悖論（節錄）　周國平

1. 男女之間是否可能有真正的友誼？這是在實際生活中常常遇到、常常引起爭論的一個難題。即使在最封閉的社會裡，一個人戀愛了，或者結了婚，仍然不免與別的異性接觸和可能發生好感。這裡不說泛愛者和愛情轉移者，一般而論，一種排除情欲的澄明的友誼是否可能呢？

2. 莫洛亞對這個問題的討論是饒有趣味的。他列舉了三種

異性之間友誼的情形：一方單戀而另一方容忍；一方或雙方是過了戀愛年齡的老人；舊日的戀人轉變為友人。分析下來，其中每一種都不可能完全排除性吸引的因素。道德家們往往攻擊這種「雜有愛的成分的友誼」，莫洛亞的回答是：即使有性的因素起作用，又有什麼要緊呢！「既然身為男子與女子，若在生活中忘記了肉體的作用，始終是一種瘋狂的行為。」

3. 異性之間的友誼即使不能排除性的吸引，它仍然可以是一種真正的友誼。蒙田曾經設想，男女之間最美滿的結合方式不是婚姻，而是一種肉體得以分享的精神友誼。拜倫在談到異性友誼時也讚美說：「毫無疑義，性的神秘力量在其中也如同在血緣關係中佔據著一種天真無邪的優越地位，把這諧音調弄到一種更微妙的境界。如果能擺脫一切友誼所防止的那種熱情，又充分明白自己的真實情感，世間就沒有什麼能比得上做女人的朋友了，如果你過去不曾做過情人，將來也不願做了。在天才的生涯中起重要作用的女性未必是妻子或情人，有不少倒是天才的精神摯友，只要想一想貝蒂娜與歌德、貝多芬，梅森葆夫人與瓦格納、尼采、赫爾岑、羅曼‧羅蘭，莎樂美與尼采、里爾克、佛洛德，就足夠了。」當然，性的神秘力量在其中起著的作用也是不言而喻的。這種力量因客觀情境或主觀努力而被限制在一個有益無害的地位，既可為異性友誼罩上一種為同性友誼所未有的溫馨情趣，又不致像愛情那樣激起一種瘋狂的佔有欲。

1. 以下哪項不是第一段帶出的訊息？

   A. 作者不肯定「一種排除情欲的澄明的友誼」是否可能。

   B. 一個人即使結了婚，仍有機會對其他異性產生好感。

   C. 「男女之間能否具備真正的友誼」是一個常見的難題。

   D. 「男女之間能否具備真正的友誼」值得討論。

2. 作者在第二段引用了莫洛亞的說話，目的是什麼？

   A. 每一種戀愛，都不可能完全排除性吸引的因素。

   B. 男女之間的友誼，或多或少包含著性的因素。

   C. 戀愛時應忘記肉體的作用，盡情享受。

   D. 戀愛始終是一種瘋狂的行為。

3. 第三段中，作者認為男女之間的友誼：

   I.   有益無害

   II. 富溫馨情趣

   III. 不致引起雙方瘋狂的佔有欲

   A. I及II。

   B. I及III。

   C. 全部皆是。

   D. 全部皆非。

文章二

「男星女性化」的深層解讀（節錄）

1. 面對帶有明顯女性氣質的男星走紅現象，有人發出驚呼和讚歎，認為現代女性受到與男性相等的關注與尊重，現代女性地位得到前所未有的肯定和提升。然而事實果真如此麼？當我們把研究角度更移深一層，就會發現男星女性化中蘊涵了更為隱蔽的意蘊。

2. 詹姆森曾指出，文化是消費社會最基本的特徵，還沒有一個社會像消費社會這樣充滿了各種符號和概念。英國邁克· 費瑟斯通認為大眾消費運動伴隨着符號生產、日常體驗和時間活動的重新組織，並指出這種消費文化淡化了原來商品的使用或產品意義觀念，並賦予其新的影像與記號，全面激發人們廣泛的感覺聯想和慾望。

3. 正是在現代消費社會，大眾媒介作為消費時代的鼓噪者，擔負着為消費文化搖旗吶喊的角色。電視機、電影、雜誌等大眾媒介所塑造的成熟、充滿男性魅力的形象已使女性觀眾感到「審美疲勞」，如何最大限度地迎合作為消費社會主要購買力之一的女性消費者，作為文化載體和生產者的大眾媒介抓住女性心理，試圖賦予符號以新的形式和新的含義。具體地說，即是媒介企圖塑造一些帶有傳統女性氣質的男星形象。這些男星裝扮上或面相

嬌媚，或清秀溫柔，迥然不同與以前高倉健式螢幕硬漢形象。這些陰柔氣質的男性明星一登場，便給人以耳目一新之感。媒介塑造的這一形象抓住女性情感訴求，盡可能地迎合了女性消費者的口味。

4. 然而當我們通過利潤這一商業的棱鏡透視這一新型文化現象時，我們很容易發現當消費者欣喜地沉溺於感官賞析的愉悅時，媒介作為塑造、引導這一消費文化的策劃者，正在為節節攀升的收視率、蜂擁而至的商業廣告和贊助商，以及滾滾而來的鉅額利潤而竊喜不已。當女性在誤認為她們絕對可以自由自主地選擇消費文化並體驗快樂時，當有人為「男色消費」歡呼雀躍不已，當有人為女性獲得同男性同等權力而欣喜的時候，她們忽略了符號背後被媒體操縱下的經濟目的。利益的角逐被披上文化消費的外衣，並精心地顯性化為美麗的視覺符號，愉悅的審美體驗模糊了其背後對擴大市場和利潤的渴求，以及無形的商業陷阱。

5. 更深一層來說，婦女通過媒介與「外面的」世界建立聯繫，但同時媒介也會加深婦女與外界的隔絕，因為它會鞏固她們所共有的位置感。男星女性化不僅可以使女性得到精神上的自我認同感，而且無形中更強化建構了自己從屬於某個群體的身分，從而堅定了傳統社會所定義的群體歸屬感。男星這些符號所代表的意義是再次對父權社會生活中性別的描繪與展示，它成功地進行了父權制度下男女不平等的社會權力結構的複製。男性對女性形象的想像和塑造，把女性更加孤立地圍於傳統女性角色的圈子裏。

CHAPTER ONE
CRE簡介

CHAPTER TWO
試題練習

CHAPTER THREE
模擬試卷

CHAPTER FOUR
常見問題

4. 作者對於「男星女性化」的態度是：

A. 欣賞

B. 懷疑

C. 全盤否定

D. 不置可否

5. 第二段中，邁克‧費瑟斯通認為大眾消費運動：

A. 激發起人類消費的慾望。

B. 扭曲了產品的影像與記號。

C. 與「男星女性化」關係密切。

D. 是符號生產、日常體驗的載體。

6. 傳媒在塑造一位令人耳目一新的男明星時，需要：

I 帶有傳統女性氣質

II 抓住女性情感訴求

III 迎合女性觀眾品味

A. I及II。

B. I及III。

C. 全部皆是。

D. 全部皆非。

7. 作者認為女性在消費文化中，表面獲得＿＿＿，實質＿＿＿。

A. 快感……權力。

B. 興奮……被誤導。

C. 自由……快樂。

D. 自由……被操控。

8. 以下哪不是作者在最後一段所帶出的觀點？

A.「男星女性化」可以使女性得到精神上的自我認同感。

B.「男星女性化」使女性強化了自己從屬於某個群體的身分。

C.「男星女性化」是導致社會男女不平等的真兇。

D.「男星女性化」令女觀眾「傳統女性角色」的概念更牢固。

II. 片段／語段閱讀（6題）

閱讀文章，然後根據題目要求選出正確答案。

9. 精神與物質，都是人類生活不可或缺的價值。一個人住大屋，衣食無憂，擁有「五花馬，千金裘」時，其對文化和精神的要求恰恰也就少了。反之，國難當頭時，人們會悲嘆，唱出「倩何人，喚取紅巾翠袖，搵英雄淚！」的經典宋詞，生出大文豪辛棄疾；天災人禍期間，有多部文學巨著面世。

這段話的中心論點是：

A. 人類生活中，物質生活愈豐富，精神要求也就愈少。

B. 往往在天災人禍、國難當頭時，總會有經典的文學作品產生。

C. 擁有「五花馬，千金裘」沒有靈感進行文學創作。

D. 精神與物質，都是人類生活不可或缺的價值。

10. 「衣食」一詞，小時候聽過不知多少次。這句話的用處很
清楚：用來責難對食物的浪費。衣食兩字出自《管子》「
倉廩實，然後知禮節；衣食足，然後知榮辱」及《孟子》
「謂衣與食孰急於人，則是不可一無，皆養生之具也」等
等。不過，管子也好，孟子也好，裏面的衣、食本來分指
衣和食兩樣東西，但廣東話「冇衣食」從來都只是用來罵
人浪費食物，並不包括浪費衣服。

這段文字的中心論點是：

A. 「衣食」一詞的定義。

B. 「衣食」一詞的古今意義的不同。

C. 「冇衣食」不包括浪費衣服。

D. 不少人錯誤理解「衣食」一詞。

CHAPTER ONE
CRE 簡介

CHAPTER TWO
試題練習

CHAPTER THREE
模擬試卷

CHAPTER FOUR
常見問題

11. 佛學高僧弘一大師年輕時傾心於琴棋書畫藝術，用功頗深，造詣亦頗深，藝術作品都名聲大噪，可謂大名鼎鼎，但他在歷練了一番紅塵幻夢之後，一下子潛入佛門，修禪學佛，人皆以為他諸藝皆廢，可是在他習禪學佛之後，信手所寫的字畫，初看似無法無度無為，如幼稚的小孩信手塗鴉的，但細看，卻是生命和心境返璞歸真之後的本真的性情的流露，可謂大家真品。有說人生境界分為三層，第一層是世俗生活之樓，第二層是藝術之樓，第三層是佛道之樓。弘一大師撐竿一躍便能登頂，難矣哉！

作者指弘一大師「撐竿一躍便能登頂」，是什麼意思？

A. 習禪學佛之輩能畫出好作品。

B. 作者認為弘一大師的作品能表達出「生命和心境返璞歸真之後的本真的性情的流露」，十分難得。

C. 作者認為弘一大師一下子便能登上人生境界的第三層，十分難得。

D. 第三層人生境界不容易登上。

12. 最直接的判斷依據是經驗依據。而歷史依據則可以看作是長時段的集體的經驗依據。毫無疑問，這個依據是與民族傳統和地域文化密切相關的。中醫也是這樣。在理論上，中醫理論有著自己完備的有足夠生長能力的思想體系，這套體系與西方現代醫學目前的「科學方法」是水火不容的。在實踐上，中醫擁有了兩千多年的歷史依據，經驗依據。這些理論和實踐依據遠在西方現代科學誕生之前就已經成熟了。為什麼要等西醫出現之後，為什麼要在獲得了西醫的證據之後，才能獲得價值、獲得意義呢？

「中醫也是這樣」一句中，「這樣」是指：

A. 中醫與民族傳統和地域文化密切相關。

B. 中醫理論同樣有著自己完備的有足夠生長能力的思想體系。

C. 中醫只須以經驗和歷史作醫學判斷，不需要科學依據。

D. 中醫同樣有價值、意義和生存的權利。

13. 二十世紀初，歐美福利主義弊病叢生，上街示威、遊行的民眾人增。相反，資本主義學說受到不少人民歡迎，資本主義思潮於是漸漸取代福利主義思潮，擴散全球。

這段話的中心論點是：

A. 福利主義在二十世紀初暴露了缺憾。

B. 資本主義思潮在二十世紀蓬勃發展有著深刻的歷史原因。

C. 資本主義取代福利主義是歷史發展的必然結果。

D. 資本主義學說受到人民愛戴。

14. 小野鎮近年污染嚴重，廢氣大量排放，終日霧霾遮天，嚇走了不少遊客。經過新市長兩年治理，小野鎮兩間工廠先後結業，發電廠也改用了風力發電，當地的環境便得到很大的改善。

這段文字的中心論點是：

A. 小野鎮近年污染嚴重的原因。

B. 小野鎮近年遊客數量大減。

C. 經濟發展與環境保育不可兩全。

D. 小野鎮加強管治力度，改善環境。

（二）字詞辨識（8 題）

15. 選出沒有錯別字的句子：

A. 當時曹操破袁紹、收劉琮、據荊州、得襄陽，其勢勇不可擋，誰敢惹他？

B. 聽了銀行職員的遊說，目不識丁老魚民傾盡畢生積蓄購買雷曼債券，結果賠掉了全部家產。

C. 看見成績單上只有中文科一科取得僅僅及格成績，我慾哭無淚，百般滋味在心頭，

D. 麗泉宮，故名思義就是「美麗的泉水」，相傳是馬提亞斯皇帝在附近森林打獵，發現一泓麗泉水而得名。

16. 選出沒有錯別字的句子：

A. 最後，祝福畢業班同學前程似綿，在座各位身體健康，萬事如意，謝謝大家。

B. 為確保樓市健康平穩發展，財政司司長在去年十月宣布加強額外印花稅及引入買家印花稅。

C. 我們肯定可以從十年前發生的亞州金融風暴和對全球金融穩定造成極大威脅的「金融海嘯」，獲得不同而重要的啟示。

D. 這位羽毛球首席教練瘋狂的訓練方式，並不值得彷效。

17. 選出有錯別字的句子：

A. 補習社涉主辦裸體及暴力變態訓練營案，涉嫌導師昨晚獲准保釋外出候查。

B. 我們打開病房大門，看見外公穿上那套又殘又破的唐衫，安詳的睡著在床上，弟弟立即「哇」的一聲哭了出來。

C. 在大力發展有深度、廣度和有效率的金融市場的同時，也要提高監管和風險披露的水平，避免審慎監管的框架落後於金融創新的速度。

D. 血液循環，和生命緊緊相連，但是人類正確地認識它是怎樣勤勞的工作，卻還只是近幾個世紀以來的事情。

CHAPTER ONE
CRE 簡介

CHAPTER TWO
試題練習

CHAPTER THREE
模擬試卷

CHAPTER FOUR
常見問題

18. 選出有錯別字的句子：

A. 中等入息階層是夾在中間的一群，既不能主動去請願示威，也沒有人代他們出頭申訴。

B. 除非人民幣大幅度貶值，又或者香港出現較內地更為嚴重的商業誠信問題，否則來自周邊城市及地方的旅遊人士的數目，將會持續增長。

C. 關於唐代詩人李白詩集中混有偽作的問題，自宋代蘇軾提出之後，有關議論頗多。

D. 社會怨氣沖天，「仇富」、「仇商」情緒高漲，地產商成為渲洩對象，部分政客甚至煽動年輕人往地產商旗下商舖搗亂，此風實在不可長。

19. 選出有錯別字的句子：

A. 台北新中街交界有一堵藍色大門古宅，令整個地方散發著文藝氣息。

B. 陳博士是少數能夠擺脫舊有的框架，嘗試從具體的社會活動的過程中，深入研究社群特質的專家。

C. 對於南方窮人而言，戰爭意味著食不裹腹，命喪沙場。所以當他們知道兩國即將開戰，便嚇得寢食難安。

D. 一大清早，鍾伯伯便在湖心為我們摘下一籮蓮蓬，預備製作月餅的材料。

20. 選出有錯別字的句子：

A. 50歲的弗萊克已是知天命之年，但仍駐顏有術，精神滿滿，羨煞旁人。

B. 翻開中國歷史，魏晉時的玄學鬼神成風，明朝時的煉丹求道皇帝，還有種種帶有神秘色彩的著作流行，反映這是人類社會某一時期的共性。

C. 雖說人生中許多過錯並非完全無法補償，但破鏡難圓，複水難收，你要她原諒你，又談何容易呢？

D. 現今社會正是處於「道德淪落，是非不分」的嚴峻局面，個個人心險詐，弱肉強食。

21. 請選出下面繁體字錯誤對應簡化字的選項：

A. 乾燥→干燥

B. 伙食→火食

C. 業餘→业余

D. 細緻→细致

22. 請選出下面繁體字錯誤對應簡化字的選項：

A. 遠征→远正

B. 划船→划船

C. 捨棄→舍弃

D. 內臟→内脏

CHAPTER ONE
CRE 簡介

CHAPTER TWO
試題練習

CHAPTER THREE
模擬試卷

CHAPTER FOUR
常見問題

（三）句子辨析 (8 題)

23. 下列各句中有語病的一句是：

A. 「以客為尊」的服務理念已廣泛應用在護理工作上。如何以此為主軸進而推廣人性化的服務觀念，是當今護理界重要課題之一。

B. 汶川地震過後，災民看見自己滿目瘡痍的家庭，個個放聲大哭，痛不欲生。

C. 在新一輪總規中，城市空間發展遵循東拓、北延、西控、南限原則，而東城區則是推動這個城市轉型發展的突破點。

D. 未來何去何從，我不知道，但我想我依舊是幸運的，因為我人生的方向已經清晰訂定。

24. 下列各句中有語病的一句是：

A. 馮先生的著作和設計作品代表了那個時代中國建築的一種新文人建築思想和設計理念，對當代中國建築發展具有深遠的影響。

B. 證監會公布光大證券異常交易事件的調查處理結果，但其背後還有很多細節耐人尋味。

C. 就這樣僅僅一次，媽媽經常跟我提起她小時候一件羞恥的不快經歷。

D. 嬰兒期的骨骼發育還沒有定型，可塑性非常大，因此在睡姿方面要非常注意。

25. 下列各句中有語病的一句是：

A. 我聽朋友說，這種新療法具有療程短、見效快、副作用少。

B. 打從工業革命時代出現勞力集中化的工廠作業模式，勞動者進入勞動市場換取薪資不僅是當時的時代趨勢，其影響範圍亦擴及至幼齡兒童。

C. 這裡貪腐濫權之事層出不窮，官員機關算盡只為謀求一己之利。

D. 近年不少廣告宣傳標靶藥有效治療癌症，但病人如何抉擇往往無所適從。

26. 下列各句中有語病的一句是：

A. 根據這位財務分析師的預測，下月的通脹率將會上升整整19%左右。

B. 一班客機在機場跑道滑行期間，煞掣系統發出警報，檢查後證實機件無問題。

C. 消息人事於今晨九時在電台節目中透露，大樓可能受隔壁施工的影響而出現不穩定的情況。

D. 前財長薩默斯早前放棄角逐接替伯南克後，市場已經為此亢奮了一陣子。

27. 下列各句中有語病的一句是：

A. 從這些失敗和意外中，她透過自省，認清了自己的缺點和目標方向，最終取得成功。

B. 房屋署調整策略，增加物業使用率的大方向正確，繼續要做的是如何深化這些工作。

C. 由於這個地區的水質並不清潔，為了殺滅水中細菌，所以我們必須把開水煮至攝氏一百度，才應飲用。

D. 以往有非全職藝人亮相其他網絡電視台後被唱片公司「雪藏」，此後其唱片銷路因而大受影響。

28. 下列各句中沒有語病的一句是：

A. 近年歐洲的債務危機，揭示了歐元一體化和財政主權的矛盾。

B. 由於他們參加了今年的全國新秀歌唱大賽，從此踏上了歌壇。

C. 大學生應該努力學習，以便樹立學問的基礎。只懂玩樂嬉戲的，就是頹廢青年。

D. 他説種種工夫理論都有其正當性，但應當就其本來要對治的問題去使用。

29. 下列各句中沒有語病的一句是：

A. 其實，逐一審查「語言」之定義、內涵、功能與作用，可知手語系統與口語系統。

B. 融合教育的成功關鍵在於殘疾學生能否得到適切的支援和輔導，以及他們能否有效在主流學習環境成長和學習。

C. 褫奪七屆環法賽冠軍的美國單車手岩士唐，首度公開承認服用禁藥。

D. 男遊客拿起管理員撈垃圾用的長竿網兜大力捅鱷魚。管理員無奈表示稱部分遊客屢勸不聽。

30. 下列各句中沒有語病的一句是：

A. 同學必須謹記，把課餘時間浪費在網絡遊戲上，是學習最大的妨礙。

B. 這次空難死傷眾多，聽說沒有一個生還者。

C. 不論有什麼不幸的事情發生，祖父依然掛著慈悲的笑臉，照顧著他的外孫女。

D. 無論是青蔥少年、耄耋老人，還是威武軍士、莘莘學子，大家都被台上的一部話劇作品深深感動，泣不成聲。

（四）詞句運用（15 題）

31. 泉邊的蝴蝶樹像一位少女在俯身梳洗，＿＿＿＿＿＿的身影倒映在泉水裡，使人仿佛看到影片《五朵金花》中的主人公金花就在眼前。

    填入橫線部分最恰當的一項是：

    A. 楚楚可憐

    B. 千姿百態

    C. 哭喪著臉

    D. 婀娜多姿

32. 我們在南方要找一個有大院子的房間比登天還要難，然而在北京卻隨處皆是，夏可乘涼，冬可賞雪，沒有上海房屋的那種＿＿＿＿＿＿。

    填入橫線部分最恰當的一項是：

    A. 窘促

    B. 不適

    C. 舒適

    D. 優雅

33. 在三月裡，日子也會照例＿＿＿＿。「春花」起了：春筍正好
上市，有錢人愛的就是嘗新；收過油菜子，離小麥收割的
日子也就＿＿＿＿。春江水暖，鮮魚鮮蝦正在當令，只要你有
功夫下水捕撈……乾癟的口袋活絡些了。

柯靈《故園春》（節錄）

填入橫線部分最恰當的一項是：

A. 一樣　不遠

B. 充滿希望　還有一段日子

C. 艱難　還有一段日子

D. 好過些　不遠

34. 在蒼翠的群山＿＿＿＿＿＿＿＿之中，突然出現這一大片清澈
碧綠的湖水，一種＿＿＿＿＿＿＿＿之感油然而生。

填入橫線部分最恰當的一項是：

A. 包圍　惆悵

B. 環抱　安靜

C. 包圍　莫名

D. 環抱　寧謐

35. 時間是非常寶貴且_____的,而且人生短促,所以我們更要好好把握時間。如果不好好珍惜時間,_____,時間只會白白溜走。

填入橫線部分最恰當的一項是:

A. 千金不換　年復一年

B. 稍縱即逝　驀然回首

C. 稍縱即逝　蹉跎歲月

D. 分秒必爭　縱情聲色

36. 雖然這個地區在有機農業發展上受到一定程度的_____,但因政府部門施以援手,幫助農民_____了技術難題,最終這地方的有機玉米聲名大噪。

填入橫線部分最恰當的一項是:

A. 衝擊、攻克

B. 削弱、克服

C. 震動、打敗

D. 威脅、攻下

37. 柳樹是天地流水差遣於月地裡的愛的信使，_____
    。村巷媒婆們捏弄下的婚姻，全不及柳下之盟來得幸福，
    來得如意。

    填入橫線部分最恰當的一項是：

    A. 在這條邨已經有很久的歷史

    B. 由它撮合成的姻緣是最美滿的姻緣

    C. 很多美麗動人的婚禮都在它樹下進行

    D. 是愛與誠的永恆象徵

38. 前面有一隻_____的大猴子，當小猴子來搶東西吃
    的時候，它總是攔著，一巴掌把小猴子打得老遠。

    填入橫線部分最恰當的一項是：

    A. 沆瀣一氣

    B. 孔武有力

    C. 力透紙背

    D. 有恃無恐

選出下列句子的正確排列次序。

39. 1. 適當的休息是最基本
    2. 便會給我們的生活帶來很多不便
    3. 因一旦戴上了眼鏡
    4. 我們要學會保護眼睛
    5. 正確的讀書和寫字姿勢亦不可少
    A. 4-3-1-2-5
    B. 4-1-5-3-2
    C. 4-3-2-1-5
    D. 4-1-3-5-2

40. 1. 我們要自覺遵守各種規則
    2. 身在公共場所中
    3. 不能因自己方便而目中無人
    4. 要為社會的安寧作出一份微小的貢獻
    5. 為了保障他人的安全和自身利益
    A. 5-2-1-3-4
    B. 2-1-5-3-4
    C. 2-3-1-4-5
    D. 5-1-4-2-3

CHAPTER ONE
CRE 簡介

CHAPTER TWO
試題練習

CHAPTER THREE
模擬試卷

CHAPTER FOUR
常見問題

41. 1. 都要依靠工具書的幫助

　　2. 最常用的工具書是辭書和字典

　　3. 要學好任何一門學科

　　4. 從學生學習的需要和程度來説

　　5. 學好中國語文科當然不會例外

　　A. 4-1-3-5-2

　　B. 4-2-3-5-1

　　C. 3-1-5-4-2

　　D. 3-4-1-5-2

42. 1. 應該是最早的石拱橋

　　2. 古籍《水經注》提到的那條「旅人橋」

　　3. 絕大部分都具驚人藝術價值

　　4. 歷代到此遊覽的人不計其數

　　5. 中國的石拱橋距離現在有二千多年的歷史

　　A. 2-3-1-4-5

　　B. 2-1-5-3-4

　　C. 5-3-2-1-4

　　D. 5-2-1-4-3

43. 1. 毛筆現在的應用層面不多

    2. 漸漸被現代的書寫工具取代

    3. 到了近數十年

    4. 但其藝術價值卻很高

    5. 中國「文房四寶」

    A. 3-5-2-1-4

    B. 1-4-3-5-2

    C. 5-3-2-1-4

    D. 3-1-4-5-2

44. 1. 這顯然不適合人類居住

    2. 它不能幫助人解決問題，卻能讓人安睡

    3. 文學帶給人的往往是「一片非常輕盈的迷惑」

    4. 夜闌人靜，人就會想起能軟化人心、創造夢想的「文學世界」

    5. 我們每天營營役役，活在一個無情、僵死的世界

    A. 5-1-3-2-4

    B. 3-2-1-5-4

    C. 3-2-1-4-5

    D. 5-1-4-3-2

45. 1. 公司的業績因眾人的努力而上升

2. 這個圈子裡，比小明有才能的人可多了

3. 終於得到大多數人支持

4. 幸好小明禮賢下士

5. 前事不計，心胸寬廣

A. 5-3-2-4-1

B. 4-1-5-3-2

C. 2-4-5-3-1

D. 2-4-3-5-1

-全卷完-

模擬試卷一

答案與解釋

1. 答案：A。   2. 答案：A。   3. 答案：C。

4. 答案：B。   5. 答案：A。   6. 答案：C。

7. 答案：D。   8. 答案：C。

9. 答案：B。A和D項段落均有提及，但不是其重點。C項曲解文意，文章只說：「一個人擁有『五花馬，千金裘』時，其對文化和精神的要求恰恰也就少了」，並沒有說這類人沒靈感創作。

10. 答案：B。C和D項段落均有提及，但不是其重點，B項則較A更準確。

11. 答案： C。　　12. 答案：C。　　13. 答案：B。

14. 答案： D。　　15. 答案：A。正確寫法：B. 漁民／ C. 欲哭無淚／ D. 顧名思義

16. 答案： B。（正確寫法：A. 前程似錦／ C. 亞洲／ D. 仿效）

17. 答案： B。（正確寫法：安祥）　　18. 答案：D。（正確寫法：宣洩）

19. 答案： C。（正確寫法：果腹）　　20. 答案：C。（正確寫法：覆水難收）

21. 答案： B。　　22. 答案：A。　　23. 答案：B。（滿目瘡痍用法不當）

24. 答案： C。（「僅僅一次」與「經常」矛盾，應刪去後者。）

25. 答案： A。（應刪去「具有」。）

26. 答案： A。（「整整」與「左右」矛盾，刪其一。）

27. 答案： C。（「開水」改為「水」。）

28. 答案： A。（B句「由於」、「自從」等虛詞是指示時間的詞組，不能用作主語，而句中的主語「他們」被虛詞一擠，也不能發揮作用。改：由於參加了新秀歌唱比賽，他們從此踏上了歌壇。C句中的詞語配搭不當，「樹立」可配「形象」、「典範」，但不能配「基礎」，應改為「打好」或「牢固」。D句要改為「應當就其本來要對治的問題去使用這套工夫。」）

29. 答案： B。（A句應在「口語系統」後加上「之不同」。C句要改為「被褫奪七屆環法賽冠軍的美國單車手岩士唐，首度公開承認服用禁藥。」D句「表示」、「稱」重疊。）

30. 答案： D。（A.妨礙是動詞，應改為名詞「障礙」。B.死傷眾多暗示有生還者，前後文矛盾。C「慈悲」應改為「慈祥」。）

31. 答案： D。　　32. 答案：A。　　33. 答案：D。

34. 答案： D。　　35. 答案：C。　　36. 答案：A。

37. 答案： B。　　38. 答案：B。　　39. 答案：B。4-1-5-3-2

40. 答案： A。5-2-1-3-4　　41. 答案：C。3-1-5-4-2

42. 答案： C。5-3-2-1-4　　43. 答案：C。5-3-2-1-4

44. 答案： D。5-1-4-3-2　　45. 答案：C。2-4-5-3-1

中文運用
模擬練習卷（二）
限時四十五分鐘

****

（一）閱讀理解

I. 文章閱讀（8題）

閱讀下文，回答所附問題。

文章一
垃圾徵費有罰還須有獎

1. 本港人均垃圾棄置量，最近數年在一點三公斤的水平徘徊，需要新措施來提高減廢回收效率。參考台北和南韓首爾的經驗，垃圾徵費最能夠立竿見影，兩市徵費水平相當於三人家庭每月三十八港元。

2. 垃圾徵費第二期諮詢上月結束。諮詢文件問市民認為付費多少才可推動減廢回收，列出了三個具體收費水平以供選擇，當

中最低的是每月三十元至四十四元，另加一項開放式的選擇。委員會主席陳智思昨日表示，很多人都選擇三十元以下。

3. 雖然文件不是直接問市民願意付多少垃圾費，但是如果市民認為每月付費不足三十元，已經能夠達到效果，自然不願意付出比這水平高的費用，而不足三十元範圍很籠統，究竟大部分市民願意支付十元、二十元還是二十九元，抑或只是表達一個費用愈低愈好的籠統概念，還有待釐清。

4. 垃圾徵費水平敏感，定得太低，收不到寓禁於徵的效果，定得太高，激起民怨，不但難獲立法會通過，而且執政當局要付出龐大的政治代價。當局似乎傾向由較低的水平作為起點，減輕政治阻力。要垃圾徵費得到市民廣泛接受，除了收費水平之外，制度還要定得公平，最好是「有罰」之外還「有獎」，讓市民看到不是在變相加稅。由於垃圾費寓禁於徵，變成「人人有罰」的新稅種，政府變相加稅，難受市民歡迎。政府如果不以加稅為目的，宜設法透過其他途徑寬減稅收，中和成「零增稅」的效果。

5. 對於基層市民，當局如果按照平均垃圾徵費水平，透過綜援制度作出劃一補貼，垃圾量少者，付費比補貼所得為少，反而可以增加收入，而垃圾量多於平均者，就要付出相應代價。對於中產，同樣應透過「零增稅」安排有獎有罰，要多垃圾者增付代價，同時減輕少垃圾者的負擔。

（節錄自2014年2月10日星島日報社評）

1. 根據第一段，以下哪項説法不符合文意？

   A. 本港減廢回收效率不高。

   B. 外國經驗顯示，垃圾徵費有效減少市民垃圾棄置數量。

   C. 垃圾徵費早有外國先例。

   D. 本港人均垃圾棄置量逐年減少。

2. 根據第二段及第三段，以下哪項説法符合文意？

   A. 市民普遍接受垃圾徵費。

   B. 市民普遍接受三十元的垃圾徵費。

   C. 諮詢文件仍未搞清市民願不願意付垃圾費。

   D. 以上皆不是。

3. 根據第四段及第五段，以下哪項説法不符合文意？

   A. 垃圾徵費制度還要定得公平。

   B. 垃圾徵費制度應針對中產人士。

   C. 垃圾徵費水平定得太高或太低，都不是好事。

   D. 實施垃圾徵費後，應以其他途徑寬減税收。

4. 標題「垃圾徵費有罰還須有獎」中「有獎」是指_____，
「有罰」是指_____。

   A. 補貼、加稅。

   B. 稅項寬減、垃圾徵費。

   C. 補貼及稅項寬減、加稅。

   D. 補貼及稅項寬減、垃圾徵費。

文章二

逯耀東《沒有箭的時代》（節錄）

1. 箭，是一種搭在弓弩弦上，彈射出去殺人的武器。

2. 最初，箭簇是用石頭磨成的，也有用獸骨製成，有扁平似柳葉的，有三稜或四稜尖錐形的，也有的簇尾部有雙翼。簇尾帶翼為了使利箭的前進，可以更迅速地攻擊對方，不過，當時箭主要攻擊禽獸，有了箭，人在狩獵的時候，可以和禽獸保持距離，以策安全。

3. 我們已無法考究人是在甚麼時候開始把箭頭從攻擊禽獸轉而攻擊人。我想人類用箭互相攻擊，大概是在學會築城以後，有了城，敵對雙方一攻一守，箭成了必要的武器之一。中國築城開始在夏商之際，所以到了商代，我們祖先已經大量使用青銅箭簇了。這箭簇有凸起的脊背，並且帶有雙翼，隨着銅的質地提高，攻擊時的殺傷力也提高了。

4. 經過不斷的改進，到了戰國時代，箭簇已經發展成圓脊三翼的形式，三面的刃都很鋒利，更可以傷人於百步之外了。戰國中期以後，西北草原上的遊牧民族，開始把人放到馬背上去。把人放在馬背上是人類的一個發明。當時，這個發明的重要性，不下於第二次世界大戰人類發明原子彈。

5. 在此之前，人類只知道用馬馱重或拖車。等到人開始直接騎到馬背上去，使攻擊的機動性增大，於是攻擊的武器也隨着改良，漸漸以鐵簇代替銅簇。鐵的硬度比青銅大，殺傷力更增大了。不久中國人也學會了這種戰爭的形式，這就是所謂趙武靈王的「胡服騎射」。中國人的頭腦是聰明的，自從學會了這種戰爭的形式後，不斷改良，使發射箭的工具也有了新的發展，除用各種有彈性的木料造成弓之外，到了漢代，守備邊郡的武器中，又有了弩。弓只能用一個人的兩臂使力，弩則可以用腳蹬着發射。

6. 箭改良了，發射箭的工具也進步了。因此，使用箭的方法也增多了。其中最厲害的一種，就是「冷箭」。冷箭又可稱之為暗箭，普通雙方用箭互相射擊，都是面對面的把箭搭在弦上，用兩膀之力把弓拉滿，然後，箭脫弦而出，來一個百步穿楊，射入敵人的胸膛。除非敗陣或逃跑，很少人是背後或屁股上中箭的。但冷箭卻不同，專門從人背後發箭，而且多是乘人不備，突然而來，嗖的一聲，就可以把你擺平，從來不給你一個公平競爭的機會。所以武俠小說上常說「明槍容易躲，暗箭最難防」，其原因也在此。

7. 箭最初的用途為了狩獵，然後變成人與人互射，最後又演變成有人放冷箭，這是箭的發展史，也是人類歷史的一部分。自從人類相殘用了火器以後，箭就開始沒落了。不過，我們的祖先曾用過這種傷人技巧卻被留下來了，而且由有形變成無形，只要稍稍翻動一下舌頭就夠了。這也是雖然我們生活在沒有箭的時代，卻還常有冷箭傷人這回事的原因。

5. 第一至第二段中，作者介紹了：

　A. 簇尾帶翼為了使利箭的前進。

　B. 箭的攻擊力。

　C. 箭的種類和攻擊對象。

　D. 如何安全使用箭頭。

6. 第三至第四段中，作者主要說明：

　A. 為何箭不斷的改進，以及箭的殺傷力愈來愈大。

　B. 為何箭成了必要的武器之一，以及箭的重要性。

　C. 箭的攻擊對象轉變，以及箭的殺傷力愈來愈大。

　D. 箭的攻擊對象轉變，以及箭的殺傷力。

7. 作者認為冷戰＿＿＿＿＿＿＿＿。

   A. 乘人不備，難以防備。

   B. 很少人令敵人在背後中箭。

   C. 百步穿楊，射入敵人的胸膛。

   D. 不公平對待敵人。

8. 第六至第七段中，作者的帶有＿＿＿＿＿味道。

   A. 滑稽

   B. 諷刺

   C. 開玩笑

   D. 反語

CHAPTER ONE
CRE 簡介

CHAPTER TWO
試題練習

CHAPTER THREE
模擬試卷

CHAPTER FOUR
常見問題

II.片段／語段閱讀（6題）

閱讀文章，然後根據題目要求選出正確答案。

9. 恆心就像房屋的地基，如果根基不穩，又怎能建造穩固的樓宇呢？從小我們就聽過「愚公移山」的故事，愚公為了把山挪開，方便出入，即使攀山涉水、受盡冷言冷語仍堅持不懈，最終成功移開大山。如果沒有恆心，他可能早就撒手放棄了。

   這段話的中心論點是：

   A. 凡事都要有恆心，不能放棄。

   B. 愚公永不放棄的態度，終為他帶來成功。

   C. 恆心是成功的基礎，兩者互為因果，關係密切。

   D. 我們應好好學習愚公永不放棄的態度。

10. 米埔自然保護區位於香港西北，是生物多樣性最豐富之一的亞洲濕地。每年都有數以萬計的候鳥前來度冬。然而，環境污染和生態破壞嚴重威脅候鳥的生活環境。有專家指出，假如情況持續，前往米埔度冬的候鳥將於2020年減少40%。

    這段文字的中心論點是：

    A. 環境惡化正逐步威脅米埔候鳥的數量。

    B. 米埔生物多樣性豐富。

    C. 米埔自然保護區面臨環境威脅。

    D. 前往米埔度冬的候鳥將會大減。

11. 武俠小説的作者，知識面越廣越好，他不一定要專，也就是説，十八般武藝不是要你件件精通，但起碼你要懂得要三招兩式。比如寫武俠小説，這是古代的東西，那你多少要懂得一點歷史。你寫中國古代的東西，你就多少要懂得一些中國古代的歷史。梁羽生《從文藝觀點看武俠小説》（節錄）

這段文字的中心論點是：

A. 武俠小説的作者，知識面要越廣越好。

B. 武俠小説的作者多少要懂得一點古代的東西。

C. 武俠小説的作者多少要懂得一點歷史。

D. 武俠小説的作者不一定要樣樣皆精。

12. 到日本打工的秘訣？作者並不急於把答案塞給你；到日本打工為了什麼？作者似乎也不熱心考求。但翻開這本書，讀到最後，每個讀者都會找到答案。這是一個感性的答案，但卻令人釋除了心中疑慮，甚至想馬上起行去日本。

這段文字的主要表達的是：

A. 讀者閱讀「這本書」後才會知道答案。

B. 讀者閱讀「這本書」後有去日本打工的衝動。

C. 作者十分渴望到日本。

D. 「這本書」以感性的筆觸介紹日本打工要注意的事情。

CHAPTER ONE
CRE 簡介

CHAPTER TWO
試題練習

CHAPTER THREE
模擬試卷

CHAPTER FOUR
常見問題

13. 暗瘡是毛囊皮脂腺的慢性炎症，當皮脂腺分泌增多，就會使皮膚油光發亮，容易沾染灰塵，因而顯得骯髒油膩。過多的皮脂如果不能從毛孔中排開去，就會堵塞毛孔，再加上塵埃和細菌氧化的「幫助」，你的面上便會有一點點的「黑頭」了！

下列哪項最適合作為文章的標題？

A. 暗瘡的介紹。

B. 面部骯髒油膩的成因。

C. 暗瘡的成因。

D. 認識皮脂腺更多。

14. 現今的世界，國家和國家爭，民族和民族爭，種族和種族爭，地區和地區爭，甚至兒女兄長都想在父母面前爭取表現，希望勝過他人。人就是這樣，經常懷著超越別人的競爭心態，內心必定要承受不少的壓力。其實人生的勝負，就如「兵家常事」，只有用平常心去看待，不要太爭強好勝，也不要太在意自己的感受，凡事懂得尊重對方，站在對方的立場想，自然沒有紛爭。

這段文字的中心論點是：

A. 世界爭奪太多。

B. 人經常你爭我奪，內心壓力沉重。

C. 人生勝負如「兵家常事」。

D. 人應以平常心待物，不要太過執著、計較得失。

（二）字詞辨識（8題）

15. 下文劃有底線的四句中，有錯別字的一句是：

當執政者全面否定自己傳統文化的時候，我們的周邊國家如日本、韓國及東南亞一些國家，卻從中汲取了精華部分，並融合西方現代管理理念，既維繫傳統社會道德價值觀，使社會充瀰央央古國的遺風，蔚為社會安定的基石，加上與時俱進的西方科學民主思想，一躍成為世界富足的國家。

A. 當執政者全面否定自己傳統文化的時候

B. 我們的周邊國家如日本、韓國及東南亞一些國家，卻從中汲取了精華部分

C. 既維繫傳統社會道德價值觀，使社會充瀰央央古國的遺風

D. 加上與時俱進的西方科學民主思想，一躍成為世界富足的國家

16. 下文劃有底線的四句中，有錯別字的一句是：

新聞報道與新聞評論同樣須講求新聞性和真實性，但在表達手法和寫作形式上有明顯的區別。前者是報道新近發生的新聞事實，側重於敘事，強調受眾對事實的理解和認之；後者在新聞事實的基礎上分析、評價、議論，側重於說理，強調發掘事實背後的意義和影響；新聞報導強調中立、客觀，不能加入個人的主觀意見或判斷；評論則可以直接表明作者的觀點，供讀者參考、反思。

A. 新聞報道與新聞評論同樣須講求新聞性和真實性，但在表達手法和寫作形式上有明顯的區別

B. 前者是報道新近發生的新聞事實，側重於敘事，強調受眾對事實的理解和認之

C. 後者在新聞事實的基礎上分析、評價、議論，側重於說理，強調發掘事實背後的意義和影響

D. 新聞報導強調中立、客觀，不能加入個人的主觀意見或判斷

17. 下文劃有底線的四句中，有錯別字的一句是：

百花園，你從遠遠望去，簡直是花海花山，渾然一體。樹花飄彩雲，草花鋪地錦。當你深入進去仔細觀察，就會感到一花一木都各有佳趣，使你徘徊留連，不忍離去。

在百花園中，首先耀人眼目的是中央高聳著的一座百花台。那高踞台頂，披著鮮豔彩衣，對遊人含笑相迎的，是四川名產社鵑花。舉頭望去，仿佛看見一幅峰巒處處，「遍青山啼紅了杜鵑」的美景。(鍾樹梁《讚成都百花園》節錄)

A. 百花園，你從遠遠望去，簡直是花海花山，渾然一體

B. 當你深入進去仔細觀察，就會感到一花一木都各有佳趣，使你徘徊留連，不忍離去

C. 在百花園中，首先耀人眼目的是中央高聳著的一座百花台

D. 舉頭望去，仿佛看見一幅峰巒處處，「遍青山啼紅了杜鵑」的美景

CHAPTER ONE
CRE 簡介

CHAPTER TWO
試題練習

CHAPTER THREE
模擬試卷

CHAPTER FOUR
常見問題

18. 下文劃有底線的四句中，有錯別字的一句是：

獨自由南國漂泊到京都，在這裡度過如許孤寂的時光。夜夜孤燈長伴，青春便沿著書頁字間飄移，生命化做行行抒情抑或並不抒情的文字，只把日子過得如北國的大地般荒涼。只把心靈來叩問，人的一生，是應該如何地度過呢？我為什麼要如此地奔波而不屈地尋找那極目難跳的遠岸呢？伴我只有京都月華，它柔涼而明淨，輕輕地在窗前鋪展一方，引我鄉思無限。（古清生《一朵小花》節錄）

A. 獨自由南國漂泊到京都，在這裡度過如許孤寂的時光

B. 生命化做行行抒情抑或並不抒情的文字，只把日子過得如北國的大地般荒涼

C. 我為什麼要如此地奔波而不屈地尋找那極目難跳的遠岸呢？

D. 伴我只有京都月華，它柔涼而明淨，輕輕地在窗前鋪展一方，引我鄉思無限

19. 下文劃有底線的四句中，有錯別字的一句是：

小時我家大宅後有一片竹林，鞭子似的竹根從牆桓間垂下來。那時我覺得很驚奇，時常伸手去抓那些竹根，幻想自己能像深山野人般在樹與樹之間來回。

A. 小時我家大宅後有一片竹林

B. 鞭子似的竹根從牆桓間垂下來

C. 時常伸手去抓那些竹根

D. 幻想自己能像深山野人般在樹與樹之間來回

20. 下文劃有底線的四句中，沒有錯別字的一句是：

前年從太湖裡的洞庭東山回到蘇州時，曾經過石湖。坐的是一隻小火輪，<u>一貶眼間，船由窄窄的小水口進入了另一個湖</u>。那湖要比太湖小得多了。當地居民告訴我：「這裡就是石湖。」<u>我玃然的站起來，在船頭東張西望</u>，儘量多看石湖的勝景。看到湖心有一個小島，<u>島上還殘留著東到西歪的許多太湖石</u>。(鄭振鐸《石湖》節錄)

A. 前年從太湖裡的洞庭東山回到蘇州時，曾經過石湖

B. 一貶眼間，船由窄窄的小水口進入了另一個湖

C. 我玃然的站起來，在船頭東張西望

D. 看到湖心有一個小島，島上還殘留著東到西歪的許多太湖石

21. 請選出下面繁體字錯誤對應簡化字的選項：

A. 殺身之禍→杀身之祸

B. 三心兩意→三心两意

C. 風捲殘雲→风卷残云

D. 歷史記載→历史记载

22. 請選出下面繁體字錯誤對應簡化字的選項：

A. 佔據→占据

B. 遲緩→迟缓

C. 障礙→障碍

D. 團結→团结

（三）句子辨析（8題）

23. 下列各句中有語病的一句是：

A. 看得愈多漫畫、電影、影像光碟及聽得愈多流行音樂的被訪者，對於傳統價值接受程度較低。

B. 商業考慮就是思考如何把產品的銷路推至極點，以賺取最大的利潤。

C. 學員唯有通過道路安全考核，熟練了正確的駕駛技術，才能考獲由本會所頒發的駕駛執照。

D. 這位作家深刻地分析了極權主義社會的情況，並且刻劃了一個以追逐權力為最終目標的假想的未來社會。

24. 下列各句中有語病的一句是：

A. 新聞界必須堅守中立及獨立的原則，如因受到壓力而影響其決定，則直接危害新聞及言論自由。

B. 1930年代，全球工業國家發生經濟大蕭條，間接導致第二次世界大戰爆發。

C. 在歌唱比賽決賽未開始之前，負責老師逐一為我們打氣，增強了我們奪冠的信心。

D. 沒有集體談判權，員工就只能和僱主就薪酬和福利等方面談判。

25. 下列各句中有語病的一句是：

A. 我有權要求資料使用者公開他的個人資料政策及實務，以及公開所持個人資料的類別及該等資料所作的主要用途嗎？

B. 許多人用心良善想要幫助別人，結果反而把事情弄得更糟。

C. 儘管行為效益主義計算效益的方式，是對某一個個別行為分別計算，但是這並不代表行為效益主義不需要道德規則。

D. 數萬名市民在追思會會場外聚集，默默為那位剛剛病逝的已故粵劇藝人致以深深的哀悼。

26. 下列各句中有語病的一句是：

A. 在人工生殖的醫療技術上，代孕技術已臻成熟，但仍有一定風險。

B. 政府是執行法律的單位，違法者要受到政府公權力有形的制裁。

C. 事實上，社會已公認某些元素是道德的，例如「誠實」、「公平」等等。

D. 衛生防護中心日前公開了新聞發佈會，指香港在十月期間將進入流行性感冒的高峰期，呼籲市民小心身體。

27. 下列各句中沒有語病的一句是：

A. 經過全體員工日以繼夜的努力，這家公司的網上數據庫一天天日臻完善。

B. 警方經過長達十個月秘密的偵查，近日終於破獲一個擁有四十多名成員、組織龐大的電腦軟件詐騙集團。

C. 根據考古學家研究發現，古時某部族的人即使幾天不吃東西，仍然可以生存。

D. 教育學家語重心長地指，我們應該從小培養誠實守信，否則長大後就很難改正過來。

28. 下列各句中沒有語病的一句是：

A. 政府會考慮動用為醫療改革預留的五百億元提供誘因，鼓勵市民早日參加醫療保障計劃。

B. 娛樂至上的明星賽講求個人表演，今年米高佐敦與杜倫的單打獨鬥，肯定能為觀眾製造驚喜。

C. 按常理説，作為母親應報警送院搶救，她冷靜處理屍體後鎮靜如常，令人懷疑有內情。

D. 得到義工的幫助及照顧，這位伯伯開始重視生命，義工開始珍惜眼前人。

29. 下列各句中沒有語病的一句是：

A. 根據法例，機構收取客人的個人資料時，向客人講明用途。

B. 特首落區接觸市民，值得懷疑，但是他不應該對現行安排的風險置若罔聞，應該針對問題切實改變，做正確的事。

C. 政改諮詢，朝野初步取態南轅北轍，事態正在增加。

D. 這本書主要介紹效益主義式思考模式所要面對的挑戰和可能的回應。

30. 下列各句中沒有語病的一句是：

A. 內地多家互聯網近期紛紛推出金融產品，爭取到大量資金認購，而比特幣更被炒得火熱。

B. 如此的制度設計，是否已至「矯枉過正」的地步，需要更多的討論和研究。

C. 既然反對派行動轉趨激烈，實際參與示威集會的人數卻日漸減少。

D. 大企業舉行國際設計比賽，是能夠吸引國際級頂尖設計師參加。

（四.）詞句運用（15題）

31. 登上山峰，其他人都累得＿＿＿＿＿＿＿，馬上坐下，唯獨小美喜歡登高臨遠，一覽山下＿＿＿＿＿＿＿、極為壯觀的場面。

    填入橫線部分最恰當的一項是：

    A. 疲憊不堪　氣象萬千

    B. 疲憊不堪　趾高氣揚

    C. 心力交瘁　氣象萬千

    D. 心力交瘁　氣宇軒昂

32. 笑，是世界上共通的語言。＿＿＿＿＿＿＿＿＿＿。不真不誠的笑容身後，內心在哭泣。何不拋開私欲，散播快樂的種子呢？你笑，我笑，讓全世界都洋溢歡愉。笑，可以是悲傷的鎖鍊，也可以散佈喜悅。唯有真心一笑，才能使世界共同微笑。陳竑諺《淚和笑》（節錄）

    填入橫線部分最恰當的一項是：

    A. 笑，可以把快樂傳播開去

    B. 不真不誠，令人惋惜

    C. 唯有真誠的笑顏，才能豐美生命

    D. 笑，令全世界都歡樂起來

33. 在資訊發達的社會，一個人電腦＿＿＿＿＿＿＿的強弱，某程度上決定其能否適應資訊社會的重要＿＿＿＿＿＿＿之一。

　　填入橫線部分最恰當的一項是：

　　A. 能力　原因

　　B. 能力　指標

　　C. 技術　環節

　　D. 技巧　指標

34. 在街上看見男孩子戴耳環，十年前的人會＿＿＿＿＿＿＿；今天看來，此舉只是入流的表現，很多人已經＿＿＿＿＿＿＿了。

　　填入橫線部分最恰當的一項是：

　　A. 目不轉睛　奇奇怪怪

　　B. 瞠目結舌　有怪莫怪

　　C. 瞠目結舌　見怪不怪

　　D. 目不斜射　多見少怪

35. 展花以蘭花居多，身處一片花天花地花海，只教人驚嘆恒河沙數，＿＿＿＿＿＿＿，走到哪裏都是蘭花。

　　填入橫線部分最恰當的一項是：

　　A. 猶如舌燦蓮花

　　B. 如同風鬟霧鬢

　　C. 猶如霧裡看花

　　D. 如墮五里霧中

36. 其實，＿＿＿＿＿＿＿＿＿＿＿＿＿＿＿＿＿＿，現階段
研發的基因改造作物包括：基因重組米類產品，如增加離
氨酸含量的稻米，可補充人體的必須氨基酸；基因改造水
果、蔬菜及園藝類產品，如可以耐高溫跟減少蛾害的高麗
菜；以及基因重組魚類及動物產品，例如增加荷爾蒙而加
快成長速度的魚。

填入橫線部分最恰當的一項是：

A. 基因改造食品已在市面上相當的廣泛

B. 我們要細心審視市面上的基因改造食品

C. 基因改造食品可以加快物種成長

D. 對市民健康有風險的基因改造食品已流出市面

37. 中國人常將藥性較為緩和的藥物加入菜餚之中，若食用
得宜，可達＿＿＿＿＿＿＿，甚至＿＿＿＿＿＿＿＿＿；相
反，不理解藥物或食物本身的特性，即使是上佳補品，要
好藥材，多吃、亂吃也可吃出病來。

填入橫線部分最恰當的一項是：

A. 保血壯陽　保持青春

B. 體力充沛　改善身體不適

C. 養生之效　改善身體不適

D. 養生之效　龍精虎猛

38. 人們可以對各種動植物品種申請專利。_____，
即使是由他們開發或承傳了一千年，都不受保護。這樣不
僅為了保障跨國公司的生物工程技術，而且大大方便他們
儲備足夠資源。

填入橫線部分最恰當的一項是：

A. 其實，註冊知識不等同申請專利

B. 反之，任何人未註冊其有關知識

C. 相反，註冊其有關知識其實很容易

D. 另一方面，動植物品種的註冊制度較簡便

選出下列句子的正確排列次序。

39. 1. 這三部書在蒙學的地位無可置疑

2. 對認識中國傳統蒙學至關重要

3. 「三百千」是《三字經》、《百家姓》和《千字文》三
部蒙書的合稱

4. 便能抓住中國傳統蒙童教材的主要部分

5. 能掌握「三百千」的特性和意義

A. 5-2-3-1-4

B. 3-5-2-4-1

C. 3-1-2-4-5

D. 3-1-5-4-2

40. 1. 比奈 • 賽門的智力測驗，可說是人類有史以來第一個心理測驗

　　2. 並由此繼續往前發揚光大

　　3. 成為心理計量學的主要架構

　　4. 心理計量學是一門研究心理測驗與評斷的科學

　　5. 測驗理論便是起源於此

　　A. 1-4-5-2-3

　　B. 4-1-5-2-3

　　C. 1-5-2-4-3

　　D. 4-5-1-3-2

41. 1. 掌握其中精粹

　　2. 其中大部分內容能夠提供一些很好的靈修默想資料

　　3. 《神》是一套全面論及聖神的神學教科書

　　4. 讓讀者按部就班了解聖神的真貌

　　5. 值得推薦

　　A. 1-4-2-3-5

　　B. 3-4-1-5-2

　　C. 3-2-4-1-5

　　D. 3-5-1-2-4

42. 1. 每當別人看著這個娃娃

2. 那圓圓的鵝蛋臉上

3. 掛著一張薄薄的嘴唇，一雙水靈靈的眼睛

4. 我的妹妹是一個標緻的娃娃

5. 就會得到一個甜美的美容

A. 4-3-2-1-5

B. 4-1-5-2-3

C. 4-2-3-1-5

D. 2-5-1-4-3

43. 1. 鄰居的孩子在一個有霧的早晨去上學

2. 孩子被送進醫院作了手術

3. 後腦門上留下了一塊「補丁」

4. 過馬路時被一輛霧中的汽車撞壞了頭顱

5. 手術成功後停課了兩星期

A. 4-2-3-1-5

B. 1-4-2-5-3

C. 4-2-1-3-5

D. 2-1-5-4-3

44. 1. 兩支球隊實力相約，早前兩次交手也是勝負各一

   2. 關鍵在完場前三分鐘出現

   3. 對方球員獲得角球機會

   4. 你投進一球，對方又追回一球

   5. 中場球員銅頭一搖，頂入致勝一球

   A. 1-5-2-4-3

   B. 3-4-1-2-5

   C. 1-2-4-5-3

   D. 1-4-2-3-5

45. 1. 因為他們心靈富裕，成敗早已看開

   2. 強者處於專制驕縱，他們容不得挑戰

   3. 真正的精神強者必定是寬容的

   4. 弱者出於嫉妒，他經不起挑戰

   5. 強者和弱者都可能不寬容，但原因有別

   A. 1-5-2-4-3

   B. 5-2-4-3-1

   C. 3-1-2-4-5

   D. 3-5-2-4-1

-全卷完-

模擬試卷二

答案與解釋

1. 答案：D。　　　2. 答案：A。　　　3. 答案：B。　　　4. 答案：D。

5. 答案：C。箭的種類：箭簇是用石頭磨成的，也有用獸骨製成，有扁平似柳葉
的，有三稜或四稜尖錐形的，也有的簇尾部有雙翼……

箭的攻擊對象：當時箭主要攻擊禽獸……

6. 答案：C。箭的攻擊對象轉變：我們已無法考究人是在甚麼時候開始把箭頭從
攻擊禽獸轉而攻擊人……

箭的殺傷力愈來愈大：三面的刃都很鋒利，更可以傷人於百步之外了。

7. 答案：A。

8. 答案：B。以下句子都含有諷刺味道，作者藉此批評「暗箭傷人」這種不君子
行為。

1.其中最厲害的一種，就是「冷箭」。

2.但冷箭卻不同，專門從人背後發箭，而且多是乘人不備，……從來不
給你一個公平競爭的機會。

3.不過，我們的祖先曾用過這種傷人技巧卻被留下來了，而且由有形變
成無形，只要稍稍翻動一下舌頭就夠了。

本文行文嚴肅，並無向讀者開玩笑，也沒說反話，所以其餘選項都錯。

9. 答案：C。A和D項段落均有提及，但不是其重點。

10. 答案：A。　　　11. 答案：B。　　　12. 答案：D。

13. 答案：C。全段主要討論暗瘡的成因；「暗瘡的介紹」作標題太籠統。

14. 答案：D。　　　15. 答案：C（正確寫法：決決）

16. 答案：B（正確寫法：認知）　　　17. 答案：B（正確寫法：流連）

18. 答案：C（正確寫法：極目難眺）　19. 答案：B（正確寫法：牆垣）

20. 答案：A。（正確寫法：B. 眨眼間/ C. 蘡然/ D. 東倒西歪）

21. 答案：B（両→日文漢字）　22. 答案：D（団→日文漢字）

23. 答案：C（「熟練了」改為「熟習」）

24. 答案：C（「未開始之前」一句，刪去「未」。）

25. 答案：D（「剛剛病逝」「已故」重疊）

26. 答案：D（公開了改為「召開」）

27. 答案：B。（A.「一天天」、「日臻」意思重疊，應刪其一。C. 「根據」和「發現」重覆，應刪去前者。D. 在「誠實守信」要加「的品格」。）

28. 答案：A。（B.個人表演與單打獨鬥互相矛盾。C.應搶救誰？未有交代，因此正確寫法為：「按常理説，子女猝死，作為母親應報警送院搶救，她冷靜處理屍體後鎮靜如常，更令人懷疑有內情。」D.義工開始珍惜眼前人—主語不當）

29. 答案：D。（A. 成分殘缺：後半句應改為「要向客人講明用途」。B. 後半有「置若罔聞」等貶義詞，可見意思負面，故「懷疑」一詞應改為含正面色彩的詞彙，如「肯定」。C「增加」可改為「升溫」。）

30. 答案：B。（A. 要在互聯網後加上「巨擘」或「服務開發公司」等詞語，句子才通順。C「既然」改為「雖然」。D應改為：「⋯⋯國際設計比賽的好處」）

31. 答案：A。　　32. 答案：C。

33. 答案：B。（「技巧」不能與「強弱」配搭）

34. 答案：C。分號前句子表達的意思為「驚訝」，所以答案為「瞠目結舌」，後句指人人對男孩子戴耳環已經習以為常，所以是「見怪不怪」。D項「多見少怪」一定不對，因為沒有這個成語。

35. 答案：D。「如墮五里霧中」指人彷彿掉在一片大霧裏，陷入迷離恍惚的境地，故選此答案。「舌燦蓮花」指人辯才好，「風鬟霧鬢」形容女子頭髮的美，「霧裡看花」指人視力差。

36. 答案：A。「基因重組米類產品、基因改造水果、蔬菜及園藝類產品和基因重組魚類及動物產品」都是「廣泛」一詞的最好注腳。

37. 答案：C。首欄已有動詞「達」字，不能配搭「保血壯陽」或「體力充沛」，所以A和B也錯；D項與文意不配。

38. 答案：B。「人們可以對各種動植物品種申請專利」是正面論述，「反之，任何人未註冊其有關知識⋯⋯」是反面論述。正反申論，切合文意。

39. 答案：D。3-1-5-4-2

40. 答案：B。4-1-5-2-3

41. 答案：C。3-2-4-1-5

42. 答案：C。4-2-3-1-5

43. 答案：B。1-4-2-5-3

44. 答案：D。1-4-2-3-5

45. 答案：B。5-2-4-3-1

中文運用
模擬練習卷（三）
限時四十五分鐘

****

（一）閱讀理解

I. 文章閱讀（8 題）

閱讀下文，回答所附問題。

文章一
（標題）

1. 當我還很年輕的時候，我仰慕各種各樣的強者，也熱切地希望自己能成為強者。

2. 但其實，什麼人是強者？

3. 經歷了富於幻想的少年時代，經歷了勇於進取的青年時代，經歷了許許多多的挫折和苦難，當我沈思地邁向中年的時候，驚訝地發現，我已從舊時的戰勝別人的強者夢中醒來，又跌

進了一個新的戰勝自己的強者之夢，強烈地希望戰勝自己。我想，一個人要戰勝別人固然並不容易，但要正視和克服自身地弱點，更要有十倍的勇氣和百倍的堅強。

4. 有的人會因為自己的強明能幹或血統高貴而驕傲自大，他們不知要碰多少次壁，挨多少次批評，作多少番深深的反省，才能在人生征途上的馬拉松上成為冠軍。有的人為了戰勝疾病和傷殘，忍受精神上和肉體上的巨大痛苦，無畏地向死神宣戰，堅韌地同命運抗爭，把厄運地千斤重壓舉起和推倒，令重量級地舉重猛將也肅然起敬。還有那些為戰勝私欲而處處自律的人，為戰勝惰性而反復自策的人，為戰勝暴躁而時時自制的人，為戰勝怯懦而不斷自勵的人……他們，都是了不起的強者！

1. 作者認為什麼人是強者？
   A. 富於幻想。
   B. 勇於進取。
   C. 克服挫折和苦難。
   D. 戰勝自己。

2. 為什麼作者「強烈地希望戰勝自己」？
   A. 戰勝別人太容易。
   B. 作者人到中年，還沒有實現戰勝別人的目標，所以他要先戰勝自己。
   C. 作者在經驗種種挫折與苦難後，發現能克服自身弱點的人才是強者。
   D. 作者充滿進取精神，希望戰勝自己。

3. 下列哪項最適合作為文章的標題？

    A. 戰勝別人的重要性

    B. 戰勝別人與戰勝自己

    C. 真正的強者

    D. 強者與弱者

文章二
（標題）

1. 在月球上，究竟有沒有外太空生物？這從古至今都是天體生物學家的研究重點。不久之前，三位英國學者花了七年時間，耗資數十億，在南半球天空捕捉到20個可能是來自外星生命的訊號。

2. 這三位學者利用射電望遠鏡，進行研究工作。他們以波長15厘米和13厘米的電波，對月球上空的全部區域分別進行了五次和三次深入調查。射頻信號功率首先在焦點處放大，然後用電纜將其傳送至控制室，在那裡再進一步放大，最後以適於特定研究的方式進行記錄和處理。著名探索地球外文明的科學家盧森美認為，波長為15厘米的電波在宇宙空間中極為常見，外太空生物很大機會就是使用這個波長，向其他星體發出訊號。

3. 探測期間，他們試圖配合各種分析，尋找從其他行星中釋放出的電波，由於每次探測的時間約需300至600天，所以獲得的

觀察資料非常多。經過重重篩選，最後獲得了這20個訊號，其中1個訊號十分強烈。這些訊號大部分都沿著銀河系分佈。然而，至今還未發現具有已接收訊號特徵的電波源頭，究竟這20個訊號真是由外星生物發出的嗎？

4. 科學家認為，如果在這20個訊號當中包括外星生物的訊息，那麼這就可能是由外星生物發出的最強或最近的訊號。

4. 第二段中「五次和三次」是指：

   A. 使用兩種不同波長的電波分別進行調查的次數。

   B. 向南半球區域進行調查的次數。

   C. 對月球天空的全部區域進行調查的次數。

   D. 探測計劃進行探測的次數。

5. 根據第二段，以下哪項說法與科學家盧森美相符？

   A. 外太空生物的波長為15厘米。

   B. 發現15厘米的波長不代表發現了外太空生物。

   C. 外太空生物以電波向其他星體發出訊號。

   D. 15厘米的電波波長有機會與外太空生物探索有關。

6. 探測期間，三位科學家：

A. 獲得了20個訊號。

B. 努力分析究竟電波是否由外太空生物發出。

C. 獲得的訊號當中，只有其中1個有研究價值。

D. 獲得的訊號都沿著銀河系分佈。

7. 根據第三至第四段，以下哪項說法符合文意？

A. 科學家捕捉到20個來自外星生命的訊號。

B. 探索行動發現，外星生物發出的訊息時強時弱。

C. 探索行動發現的20個訊號是否由外星生物發出，仍待考究。

D. 這段探索行動收集的訊號中，包括外星生物的訊息。

8. 下列哪項最適合作為文章的標題？

A. 探索外星生命的未知訊號

B. 地球外文明的訊息

C. 英國學者探索外星生命

D. 外星生物的強大電波

II.片段／語段閱讀（6題）

閱讀文章，然後根據題目要求選出正確答案。

9. 研究發現，部分人具有讓咖啡因在體內停留的遺傳特點；被認為是「咖啡因代謝緩慢者」，這些人喝咖啡容易導致心臟病發作。另一半人則有相反的遺傳特點，這種特點使他們的身體能迅速對咖啡因進行代謝，喝咖啡反倒能幫助他們降低心臟病發作的風險。研究所負責人指出，此項發現能解釋為什麼早先那些檢驗咖啡因對心血管系統影響的研究全出現不同的結果。

這段話的中心論點是：

A. 近年有關咖啡因研究常出現不同的結果。

B. 咖啡因導致或降低心臟病發作的危險，取決於兩種遺傳特點。

C. 不是每個人能吸收咖啡因。

D. 喝咖啡某程道上能降低心臟病發作的風險。

10. 讀者對文章的心理反應，是讀者的知識和經驗透過文章與作者原意交流的結果。它包括客觀及主觀因素，不同讀者閱讀時有不同的感受，難言彼此構思的意義都是作者的原意。對文章字面的理解可能有對或錯的答案，但這是有限的理解。至於需要分析、綜合、推論等認知工夫的答案就不是對或錯那麼簡單了。（傅健雄，香港中文大學出版社，1998。）

下列哪項最適合作為文章的標題？

A. 讀者難辨文章對錯

B. 不同讀者閱讀時有不同的感受

C. 何謂作者的原意？

D. 讀者的感知

11. 現今在香港社會擁有高學歷，只是踏足職場找尋一份安穩工作的入場券。因此，中學生都以考入大學為目標，希望至少完成大學學位，在社會中保持基本的競爭能力。而為求達到目的，他們的學習內容依據考試局的出題方向，非考核內容不碰不看，根本無暇依興趣學習。資深傳媒人蕭若元指出：「現時小孩很多時對課外學習失去興趣，因為是『被安排學習』。教育制度的規範太大，使小孩的精神都放在考試，浪費最有創意的時間。」

這段話的中心論點是：

A. 透過學習，便能在社會中保持基本的競爭能力。

B. 學生學習變得功利，輕視創意。

C. 社會氣候令學生學習變得功利，失去學習興趣。

D. 現時大部分學生對課外學習失去興趣。

12. 「怪獸家長」一詞源自日本。在上世紀八、九十年代，日本教師的地位下降；與此同時，家長們對教育及教師的態度也發生了變化。家長由過去對教師畢恭畢敬，變為視教育為商品。家長以消費者的姿態居高臨下，甚至無理取鬧，令教師須要耗費巨大精力與這些家長周旋。如此家長，被稱為「怪獸」一點也不為過。時至今日，我們則用「怪獸家長」泛指一些過度保護子女，自我中心，對學校指指點點的家長。（節錄自陳艷「閒話文化」專欄，星島日報2013年10月4日）

這段話指出了：

A. 「怪獸家長」的定義。

B. 「怪獸家長」的成因。

C. 「怪獸家長」的起源。

D. 「怪獸家長」古今意義之不同。

13. 有同學問：「現今社會已用白話溝通，我為甚麼仍要學習文言文？」我的答案是：身為中國人，學習古文，學習我們文化的一部分，是我們的責任。其次，學好古文，有助閱讀古籍，從而理解古代文化及古人的生活方式，擴闊知識面。再次，今天的白話文中，有時也會引用古文，假如不學習文言文，我們可能連白話文也一知半解了。

這段話的中心論點是：

A. 學習文言文與個人身份的關係。

B. 學生必須學習文言文。

C. 學習文言文能擴闊知識面。

D. 學習文言文在現今社會的重要性。

14. 有人認為社會上受尊崇的人大多為富豪，那麼財富與社會
地位不就成正比嗎？事實上並不是所有富豪都能有高的
社會地位，那些「血汗工廠」的負責人有嗎？那些僱用童
工，然後克扣其工資的老闆有嗎？只有那些樂善好施的富
翁，才得到市民大眾的認同和尊重。

這段話的中心論點是：

A. 社會上受人尊崇的富豪不多。

B. 為富不仁必遭唾罵。

C. 財富與社會地位成正比。

D. 財富與社會地位不成正比。

（二）字詞辨識（8題）

15. 選出沒有錯別字的句子：

A. 攤檔擺放了林林種種的電子產品，稀奇古怪的、新奇有趣
的，都可在這裡找到。

B. 換句話說，在這項政策下，僱員、僱主以及其他市民都有
所得益。

C. 小孩子拖著祖父的手，戰戰驚驚的參加人生第一次兒童主
日學崇拜。

D. 旺角有很多為人熟識的街道，它們都有著自己的故事。

16. 選出沒有錯別字的句子：

A. 陳教授在文末筆鋒一轉，表示在臨別濟南前夕才懊惱錯過了當地山色的嫵眉。

B. 統計處日前公布「香港男女薪酬趨勢」專題研究，分折過去十年香港男性和女性薪酬的變化。

C. 校方上下對於鄭教授的離職均感婉惜及無奈。

D. 所有申請經由考生事務委員會或考生事務專責小組審議考慮，並由國際考試組審批。

17. 選出沒有錯別字的句子：

A. 直到聽見大炮的巨響，人民才孺夢初醒的發現戰爭已經開始了。

B. 爭取社運的人其實還剩多少酬碼與政府談判？這幾宗醜聞已經令這批自詡為民請命的社運抗爭者誠信破產了。

C. 恒指上月表現猶如過山車一樣，令投資者進退失據，損手離場的不計其數。

D. 這位舞蹈家以輕柔的步法，充分演繹法國舞蹈的獨有豐采。

18. 選出有錯別字的句子：

    A. 曾幾何時，這裡經濟繁榮，民生安定，向上流動機會比比皆是，只要肯努力肯拚搏，人人都有出頭天。

    B. 旅客登機前必須出示有效的登機證及身份證明文件，以茲識別。

    C. 她就像很疼惜照顧我的表姐，永遠在我迷惘失落的時候如天使降臨，扶我一把。

    D. 互聯網是提供資訊和服務的重要途徑之一，因此能顧及各類人士需要的網站設計十分重要，好讓大多數人都可輕易瀏覽和使用。

19. 選出有錯別字的句子：

    A. 人有時候會囿於成見而做出錯誤的判斷，唯有放下偏見，才能把對錯看得清楚。

    B. 如果港府有居安思危意識，港人齊心協力，香港仍有頑強的生命力，不至於那麼快就被趕上。

    C. 他終日為鎖碎小事而鬱鬱不歡，家人都擔心他會患上抑鬱症。

    D. 昨晚的球賽，西班牙明明已經落後零比三，但他們一眾中鋒仍不斷向後回傳，令人費解。

20. 選出有錯別字的句子：

　　A. 若考生因病住院而擬申請在醫院應試，須先得到主診醫生的書面批准，證明考生身體狀況適宜應考。

　　B. 人們很多時明白吸食毒品的禍害，卻忽略了酗酒對身體的影響。

　　C. 他在國難時背棄道義，惘顧社稷安危，淪為國賊，為眾人唾棄。

　　D. 科學的隱喻是將複雜的現象透過直覺呈現，藉著研究者推論演化，以探觸未知領域的知識。

21. 請選出下面繁體字錯誤對應簡化字的選項：

　　A. 惡劣→恶劣

　　B. 嚴肅→严肃

　　C. 鳳凰→凤凰

　　D. 瀏覽→浏览

22. 請選出下面繁體字錯誤對應簡化字的選項：

　　A. 捍衛公義→捍韋公义

　　B. 半價換領→半价换领

　　C. 離鄉別井→离乡别井

　　D. 通貨膨脹→通货膨胀

（三）句子辨析（8題）

23. 下列各句中沒有語病的一句是：

A. 今天是大除夕，港九多處均有倒數活動，讓今年過得愜意，還是處處碰壁的市民均可以送舊迎新，展望新年勝舊年。

B. 南極不是單一的白色世界，那裡的冰山不同的形狀、高度以及深淺不一的顏色。

C. 他裝上義肢後才不過數月，隨即重踏廚房，克服重重障礙，最後成為大有名堂的「鐵甲廚神」。

D. 對一些影響社會倫理道德深遠及不具爭議性的行為（如同性性行為），非刑事化已反映了社會的多元及寬容。

24. 下列各句中沒有語病的一句是：

A. 長期使用智能手機而不讓眼睛休息，會有較大機會導致嚴重的長期眼疾，黃斑病變和白內障等。

B. 傳媒和市民如果在作出評論前能細心分析整件事的發展，是理性、公允的評價。

C. 她曾因為相貌平庸而感自卑，唯獨登上舞台，她亦能揮灑自如，肯定自己。

D. 電腦科技一日千里，電腦硬件更替迅速，平板電腦或會很快落伍，造成大量電子廢物、污染環境。

25. 下列各句中沒有語病的一句是：

   A. 他認識了一班活躍於社會運動的熱血青年後，慢慢由觀察者演變為行動者，從而踏出了他參與社會運動。

   B. 只要交通時間、收費合乎市民的期望，白可將南沙變為一個港人不在當地工作，而只在該處居住，即另一個新市鎮。

   C. 香洪教育要進一步發展，真正開闢未來，必須善用系統及批判思維，敢於「有所而為」。

   D. 主流輿論對一個議題的討論多從政客、教育專業人士的角度，反而從學生的體驗探討的較少。

26. 下列各句中沒有語病的一句是：

   A. 在維吉尼亞洲尚未推動此項計畫之前，亞利桑那維爾區的「教科書換筆記型電腦」活動早已進行七年之久。

   B. 這個病，不是每次風吹草動時大聲疾呼言論自由失守就可醫好，也不是新媒體能拯救。

   C. 天色漸暗，我們找不著路，鼓起勇氣，向手持重型機槍的軍人問路。

   D. 美國身為世界上最強大的國家之一，成立二百三十年，還沒有出現一位女性總統。

27. 下列各句中有語病的一句是：

A. 香港山高海深，土地難求，香港人唯有移山填海，興建高樓大廈，發展金融中心。

B. 偵查報道吃力不討好，成功報道便有機會得罪既得利益者，查不到則白費氣力。

C. 我住的社區近八成樓宇樓齡已超過40年，部分舊樓嚴重失修，結構或石屎剝落。

D. 八十年代的香港紙醉金迷，夜店如雨後春筍，夜夜笙歌，不少男士下班後都愛到夜店消遣。

28. 下列各句中有語病的一句是：

A. 女童在開課一個多月後，曾向家人透露上學不開心，擔心學業成績，也遇上適應問題，但家人不以為然。

B. 回顧過去，展望未來，大多數教育工作者都不禁問：新的一年，香港教育制度會否有新的轉機和希望？

C. 為了有效緩解繁忙時段道路的堵塞狀況，新加坡政府採取了多種創新措施，其中包括開發電子道路收費系統。

D. 在尊重私有產權的大前提下，政府要為擁有歷史建築的私人業主提供適合的經濟誘因，以換取他們同意交出或保育有關的歷史建築。

29. 下列各句中有語病的一句是：

A. 伯父家的芒果只能遠觀。它像貴族，有著最驕傲的、高高在上的姿態。

B. 如果大型的文化奇觀都可能是歌利亞的擂台，以怎樣的章法參與才能撥弄公共文化的走向？

C. 現今社會競爭激烈，香城青少年所面對的學業壓力巨大，容易產生情緒問題，加上他們年紀較輕，如無法正確處理愛情、家庭和人際關係，便很易受到負面情緒影響。

D. 老師應透過不同類型的活動，擴闊新生校園社交網絡，讓他們在遇到困難時較容易得到支援，盡快踏入校園生活。

30. 下列各句中有語病的一句是：

A. 警方根據現場勘查情況初步推測，兩人都是自然死亡。

B. 時至今日，隨着區內人口增加，近年也步入城市化階段，漁塘和田地面積大幅減少，部分已換成不少新型住宅大廈。

C. 氣候暖化也會令極端的自然災害變得越來越頻繁，熱浪、乾旱、暴雨、颱風會較上世紀發生得更多。

D. 一些意見認為香港奉行低稅率政策，全民退休保障會大大加重長遠公共財政負擔，不加稅難以成事。

CHAPTER ONE
CRE 簡介

CHAPTER TWO
試題練習

CHAPTER THREE
模擬試卷

CHAPTER FOUR
常見問題

（四.）詞句運用（15題）

31. 媒體＿＿＿＿＿＿＿的資訊採集技術包括：喬裝採訪獲取資料、隱瞞身份臥底採訪、或狗仔跟監等。這些資訊搜集技術經常＿＿＿＿＿＿＿，原因在於這樣做可能造成侵害他人隱私、違害新聞公信力，或可能涉及詐欺等問題。

填入橫線部分最恰當的一項是：

A. 具爭議性　引發爭議

B. 具話題性　惹起關注

C. 具爆炸性　受人歡迎

D. 具引導性　引發爭議

32. 平等是現代社會追求的一種理想。人們期望生活在一個和諧，有秩序，互相尊重的社會環境裡；人人皆能立足於平等的出發點，＿＿＿＿＿＿＿＿＿＿＿＿＿，以獲致自己所欲實現的目的。

填入橫線部分最恰當的一項是：

A. 用盡九牛二虎之力

B. 無所不用其極

C. 各盡一己之力

D. 日夜努力

CHAPTER ONE
CRE 簡介

CHAPTER TWO
試題練習

CHAPTER THREE
模擬試卷

CHAPTER FOUR
常見問題

33. 時下年青人往往過於自我中心，不懂以正確的態度處理與人溝通問題，政府對此＿＿＿＿＿＿＿，應與家長和學校合作，加強教育。

填入橫線部分最恰當的一項是：

A. 處理不善

B. 責無旁貸

C. 充滿信心

D. 任重道遠

34. 企業在生產過程中雇用員工，就有責任保護勞動者的人身安全、身體健康，要培養和提高員工的政治、文化和技能等方面的＿＿＿＿＿，保護勞動者的＿＿＿＿＿。

填入橫線部分最恰當的一項是：

A. 質素、 安全

B. 士氣、 安全

C. 質素、 合法權益

D. 品格、 合法權益

35. 一直以來，香港人最重視的核心價值就是言論自由和良心自由，期望反對的聲音可以充分表達，不會_____。

    填入橫線部分最恰當的一項是：

    A. 惶惶不安

    B. 侃侃而談

    C. 説了白説

    D. 動輒得咎

36. 學生在學業上沒有堅毅和努力，_____不能取得好成績。_____日復一日，年復一年，寒窗苦讀，持之以恆，_____能無愧於師長。

    依次填入恰當關聯詞的選項是：

    A. 因此、只要、就

    B. 就、只有、才

    C. 就、只要、就

    D. 因此、只有、才

37. 在離別前，他握著我的手，說前面那棵看似平凡的樹，其實_____著極大的生命力。他希望我把這番話_____於心。

填入橫線部分最恰當的一項是：

A. 蘊藏　銘記

B. 蘊含　牢記

C. 孕育　謹記

D. 隱藏　默記

38. 這條小村_____？香在甚麼地方呢？香在漫天塵土的旺角街頭？香在滿街廢氣的銅鑼灣？香在滿室幽香的特首官邸？

填入橫線部分最恰當的一項是：

A. 以「香」字命名是什麼原因？

B. 為甚麼不叫臭港而叫香港呢？

C. 是香港吧？

D. 是叫香港嗎？

選出下列句子的正確排列次序：

39. 1. 日以繼夜在工作室寫歌

2. 到天橋底體驗露宿者生活

3. 歌曲登上各大流行榜冠軍

4. 接到電影配樂及作曲任務，機會難得

5. 電影票房有三千萬

A. 2-1-3-5-4

B. 3-5-2-4-1

C. 4-2-1-3-5

D. 4-2-1-5-3

40. 1. 地區經濟有小增長

2. 引入外國投資

3. 新官上任，雄心壯志

4. 考察地利，聽取各方意見

5. 山區貧困，民不聊生

A. 5-4-2-3-1

B. 5-3-4-2-1

C. 5-3-4-1-2

D. 3-5-4-2-1

CHAPTER ONE
CRE 簡介

CHAPTER TWO
試題練習

CHAPTER THREE
模擬試卷

CHAPTER FOUR
常見問題

41. 1. 政府大力鼓勵市民外出時乘搭公共交通工具

    2. 私家車數量大幅增加

    3. 較多市民乘坐地鐵和巴士

    4. 路面上車輛擠塞情況得以緩解

    5. 交通擠塞情況嚴重　　　　A. 2-5-1-3-4

    B. 3-1-2-5-4

    C. 5-2-3-1-4

    D. 2-5-3-1-4

42. 1. 停工休息兩個月

    2. 酒後駕車

    3. 不再喝酒

    4. 前臂骨折，頭骨破裂

    5. 出席生日飯局

    A. 2-4-1-5-3

    B. 4-1-5-2-3

    C. 5-2-4-1-3

    D. 2-5-1-4-3

43. 1. 男子接到相親會通知

2. 喜結良緣

3. 書信來往，互生情愫

4. 發現娘子身世可憐

5. 把娘子送回她的家鄉

A. 1-5-2-4-3

B. 1-4-5-3-2

C. 3-1-2-4-5

D. 3-2-4-5-1

44. 1. 與外國留學生聊天

2. 美美一早便到機場

3. 暑期學校有與外國留學生交流的計劃

4. 報讀英文口語班

5. 感到自己的英語不太流利

A. 2-3-1-5-4

B. 3-4-1-2-5

C. 3-1-4-2-5

D. 3-2-1-5-4

45. 1. 欠債二十萬元

2. 丈夫病逝，失去家裡唯一經濟支柱

3. 想過自殺

4. 好心人介紹社工給我認識

5. 控制自己不再濫藥，但呆坐家中，苦惱如何還債

A. 1-5-2-3-4

B. 3-4-1-2-5

C. 2-1-3-5-4

D. 3-1-4-2-5

-全卷完-

模擬試卷三

答案與解釋

1. 答案：D。　　2. 答案：C。　　3. 答案：C。　　4. 答案：A。

5. 答案：D。　　6. 答案：B。

7. 答案：C。A項的只是可能性，未成事實，所以並不是答案。

8. 答案：A。　　9. 答案：B。　　10. 答案：D。　　11. 答案：C。

12. 答案：A。　　13. 答案：B。　　14. 答案：D。

15. 答案：B。（正確寫法：A. 林林總總，C. 戰戰兢兢，D. 熟悉）

16. 答案：D。（正確寫法：A. 嫵媚，B. 分析，C. 惋惜）

17. 答案：C。（正確寫法：A. 如夢初醒，B. 籌碼，D. 風采）

18. 答案：B。（正確寫法：B. 以資識別）

19. 答案：C。（正確寫法：C. 瑣碎）

20. 答案：C。（正確寫法：C. 罔顧）

21. 答案：B。(日文漢字) 正寫：严肃

22. 答案：A。正寫：捍卫公义

23. 答案：C。A：句式雜亂：後半句應改為「不論今年過得愜意，或是處處碰壁的市民均可以送舊迎新，展望新年勝舊年。」B：那裡的冰山後須加上「有」字；D：「不具爭議性的行為」一項與「影響社會倫理道德深遠的行為」意思矛盾，應刪去「不具爭議性的行為」中的「不」字)

24. 答案：D。A：句式雜亂：應在「黃斑病變」前加上「如」字；B：意思不明，主語不當，可改為「傳媒和市民如果在作出評論前能細心分析整件事的發展，那他們便是作出了理性、公允的評價。」；C：關聯詞不當，應把「亦」改為「才」。)

25. 答案：C。A：「從而踏出了他參與社會運動」後應加上「的第一步」B：可改為「……自可將南沙變為一個港人不在當地工作，而只在該處居住的社區」；D：「主流輿論對一個議題的討論多從政客、教育專業人士的角度」後應加上「出發」。)

26. 答案：A。B：配搭不當：整句可簡化為「這個病，不是……就可醫好，也不能……拯救。」我們發現，「病」可以配搭「醫好」，但不能配搭「拯救」。」C：「鼓起勇氣」前須加上「唯有」；D：用詞不當。「成立」應改為「立國」)

27. 答案：C。(句式不當：後半句應改為「部分舊樓嚴重失修，有結構或石屎剝落問題。」)

28. 答案：A。(用詞不當：「不以為然」應改為「不以為意」。)

29. 答案：D。(用詞不當：「踏入」應改為「投入」。)

30. 答案：B。(全句欠缺主語，不知道什麼地方「步入城市化階段」。)

31. 答案：A。　　32. 答案：C。　　33. 答案：B。　　34. 答案：C。

35. 答案：D。(這裡需要一個貶義詞，「動輒得咎」正正指人動不動就受到指摘。A項「惶惶不安」前面必須加上所惶恐的對象；B項「侃侃而談」形容人說話從容不迫，是褒義詞。C項「說了白說」不等於「反對的聲音不能充分表達」。)

36. 答案：B。　　37. 答案：A。

38. 答案：B。三句問句都充滿諷刺味道，表示作者覺得香港並不「香」。

39. 答案：D。4-2-1-5-3　　40. 答案：B。5-3-4-2-1　　41. 答案：A。2-5-1-3-4

42. 答案：C。5-2-4-1-3　　43. 答案：B。1-4-5-3-2　　44. 答案：D。3-2-1-5-4

45. 答案：C。2-1-3-5-4

中文運用
模擬練習卷（四）
限時四十五分鐘

＊＊＊＊＊＊＊＊＊＊＊＊＊＊＊＊＊

（一）閱讀理解

I. 文章閱讀（8 題）

閱讀下文，回答所附問題。

文章一
談學問（節錄） 朱光潛

　　現在所謂「知識份子」的毛病在只看到學的狹義的「用」，尤其是功利主義的「用」。許多升學的青年實在只為著要讓稻種發生成大量穀子，預備「吃著不盡」。所以大學裡「出路」最廣的學系如經濟系機械系之類常是擁擠不堪，而哲學系、數學系、生物學系諸「冷門」，就簡直無人問津。治學問根本不是為學問本身，而是為著它的出路銷場。在這種情形之下的我們如何能期望青年學生對於學問有濃厚的興趣呢？

這種對於學問功用的窄狹的觀念必須及早糾正。「謀生活」與「謀衣食」在流行語中是同一意義。這實在是錯誤得可憐可笑。人有肉體，有心靈。肉體有它的生活，心靈也應有它的生活。肉體缺乏營養，必自釀成饑餓病死；心靈缺乏營養，自然也要乾枯腐化。人為萬物之靈，就在他有心靈或精神生活。所以測量人的成就並不在他能否謀溫飽，而在他有無豐富的精神生活。一個人到了只顧衣食飽暖而對於「真善美」不感覺興趣時，他就只能算是「行屍走肉」，一個民族到了只顧體膚需要而不珍視精神生活的價值時，它也就必定逐漸沒落了。

學問是精神的食糧，它使我們的精神生活更加豐富。一個人在學問上如果有濃厚的興趣，精深的造詣，他會發見萬事萬物各有一個妙理在內，他會發見自己的心涵蘊萬象，澄明通達，時時有寄託，時時在生展，這種人的生活決不會乾枯，他也決不會做出卑污下賤的事。《論語》記「顏子在陋巷，一簞食，一瓢飲，人不堪其憂，回也不改其樂」。孔子讚他「賢」，不僅因為他能安貧，尤其因為他能樂道，換句話說，他有極豐富的精神生活。

中國語中「學」與「問」連在一起說，意義至為深妙。人生來有向上心，有求知欲，對於不知道的事物歡喜發疑問。對於一種事物發生疑問，就是對於它感覺興趣。既有疑問，就想法解決它，幾經摸索，終於得到一個答案，於是不知道的變為知道的，這便是學有心得。學原來離不開問，不會起疑問就不會有學。許

多人對於一種學問不感覺興趣，原因就在那種學問對於他們不成問題，沒有什麼逼得他們要求知道。但是學問的好處正在原來有問題的可以變成沒有問題，原來沒有問題的也可以變成有問題。比如說邏輯學，一個中學生學過一年半載，看過一部普通教科書，覺得命題、推理、歸納、演繹之類都講得妥妥貼貼，了無疑義。可是他如果進一步在邏輯學上面下一點研究工夫，便會發見他從前認為透懂的幾乎沒有一件不成為問題。他如果再更進一步去討探，他會自己發見許多有趣的問題，並且覺悟到他自己一輩子也不一定能把這些問題都解決得妥妥貼貼。疑問無窮，發見無窮，興趣也就無窮。學問之難在此，學問之樂也就在此。一個人對於一種學問說是不感興趣，那只能證明他不用心，不努力下工夫。世間決沒有自身無興趣的學問，人感覺不到興趣，只由於人的愚昧或懶惰。（選輯及改篇自朱光潛《朱光潛全集》第四卷，安徽教育出版社，1988年8月版，頁85-88。）

1. 作者認為大學內哲學系、數學系、生物學等「冷門」學系無人問津的原因是……

    A. 學生認為這些學系畢業後的出路不多。

    B. 治學問根本不為學問本身。

    C. 學生對這些科目沒有興趣。

    D. 這些學系畢業後沒有出路。

2. 根據第二及第三段，以下哪個訊息並不正確？

A. 作者認為只重視求學問中功用性一面是錯誤的。

B. 作者認為求學對我們的精神生活有很大裨益。

C. 作者認為對求學有深厚興趣的人不會做出下賤的事情。

D. 作者認為一個追求體膚需要的民族必定逐漸沒落。

3. 對於「學」和「問」的關係，以下哪個陳述並不正確？

A. 解決問題是學習的過程之一。

B. 在學習的過程中，一個人有沒有向上心應根據其發問質素來衡量。

C. 發問是為了排解學習上的疑難。

D. 如對於一種學問不感興趣，人也就沒有太多問題可問。

4. 「學問之難在此，學問之樂也就在此」，當中「在此」是指……

A. 疑問無窮。

B. 學習時需要解決的疑問。

C. 邏輯學。

D. 學習時付出的努力。

CHAPTER ONE
CRE簡介

CHAPTER TWO
試題練習

CHAPTER THREE
模擬試卷

CHAPTER FOUR
常見問題

文章二

論夢想（節錄） 林語堂

我們有想像的力量和夢想的才能。一個人的想像力越大，便越不能感到滿足。所以一個有想像力的孩子往往比較難於教養。他比較常常像猴子那樣陰沉憂鬱，而不像牛那樣快樂滿足。從大體上說來，人類被這種思想的力量有時引入歧途，有時輔導上進，可是人類的進步是絕對不能缺乏這種想像力的。

我們曉得人類有志向和抱負。有這種東西是值得稱許的，因為志向和抱負通常都被稱為高尚的東西。為什麼不可以稱之為高尚的東西呢?無論是個人或國家，我們都有夢想，而且多少都依照我們的夢想去行事。有些人比別人多做了一些夢，正如每個家庭裡都有一個夢想較多的孩子，而且或許也有一個夢想較少的孩子。我得供認我暗中是比較喜歡那個有夢想的孩子的。他通常是個比較憂鬱的孩子，可是那沒有關係，他有時也會享受到更大的歡樂、興奮和狂喜。因為我覺得我們的構造跟無線電收音機一樣，不過我們所收到的不是空中的音樂，而是觀念和思想。有些反應比較靈敏的收音機，能收到其他收音機所收不到的更美妙的短波，為什麼呢？當然是因為那些更遠更細的音樂較不容易收到，所以更可寶貴啦。

而且，我們幼年時代的那些夢想並不像我們所想像的那麼沒

有真實性。這些夢想不知怎樣總是和我們終生同在著。因此，如果我可以自選做世界任何作家的話，我是情願做安徒生的，能夠寫《美人魚》的故事，或做那美人魚，想著那美人魚的思想，渴望長大的時候到水面來，真是人類所能感覺到的最深沉、最美妙的快樂。

國家有其夢想，這種夢想的回憶經過了許多年代和世紀之後依然存在著。有些夢想是高尚的，還有一些夢想是醜惡的，卑鄙的。征服的夢想，和比其他各國更強大的一類夢想，始終是噩夢，這種國家往往比那些有著較和平夢想的國家憂慮更多。可是還有其他更好的夢想，夢想著一個較好的世界，夢想著和平，夢想著各國和睦相處，夢想著較少的殘酷，較少的不公平，較少的貧窮和較少的痛苦。噩夢會破壞人類的好夢，這些好夢和噩夢之間發生著鬥爭和苦戰。人們為他們的夢想而鬥爭，正如他們為他們塵世的財產而鬥爭一樣。於是夢想由幻象的世界走進了現實的世界，而變成我們生命上一個真實的力量。夢想無論多麼模糊，總會潛藏起來，使我們的心境永遠得不到寧靜，直到這些夢想變成現實的事情，像種子在地下萌芽，一定會伸出地面來尋找陽光。夢想是很真實的東西。（選輯及改篇自林語堂《生活的藝術》，陝西師範大學出版社，2003年12月版，頁59。）

5. 根據第一段，以下哪項有關想像力的描述是不正確的？

    A. 有豐富想像力的孩子較難教養。

    B. 想像力並不能滿足。

    C. 想像力對人類的影響不一定正面。

    D. 想像力有機會助人類上進。

6. 作者在第二段提到無線電收音機，目的是：

    A. 解釋每個家庭裡都有一個夢想較多的孩子的原因。

    B. 美妙的短波不容易接收得到。

    C. 解釋有夢想的孩子能享受到更大的歡樂的原因。

    D. 解釋人的夢想一如收音機可即時接收。

7. 根據第二、三段，下列正確的一項是：

    A. 孩子的夢想不多。

    B. 我們有時依照夢想做事。

    C. 年幼時的夢想並不真實。

    D. 作者喜歡安徒生，因為對方沒有夢想。

8. 根據作者的看法，以下哪項關於第四段對夢想的描寫是不正確的？

A. 夢想常使人心緒不寧。

B. 人們為自己的夢想而鬥爭。

C. 「征服他國」是個不好的夢想。

D. 夢想裡的世界較美好。

II. 片段／語段閱讀（6題）

閱讀文章，然後根據題目要求選出正確答案。

9. 小孫女是我工作之餘最大的慰藉，她的天真可愛，讓我不自覺地愛她、寵她！可是理性告訴我，不可以再這樣，不可以給她太多禮物，除非有充分理由，否則會養壞她的胃口；就算她哭，也不可以完全順著她，否則她會被寵壞。我需要極大的決心，才能從溺愛回歸真正的疼惜，而疼惜需要正確的教養。

（節錄自何飛鵬專欄《疼惜與溺愛》）

這段話要帶出的主要訊息是：

A. 理性能克服溺愛孩子的問題。

B. 家長要疼惜而非溺愛孩子。

C. 作者的小孫女有多受人疼惜。

D. 疼惜與溺愛有何不同。

10. 中一語文教師需要教授《背影》一文。資深教師非常清楚這一課的學習重點和施教程序，但可能多年來因循講課，未必知道太多有關這篇課文的最新研究成果。相反，剛從學院畢業的老師學習了最新的教學方法，卻未必清楚這一課的施教竅門和學生的常見困難。所以，透過共同備課，教師之間可以互相提出自己的經驗，便能互補長短。

這段文字的中心論點是：

A. 《背影》的施教程序。

B. 教授《背影》時可能面對的困難。

C. 資深教師與新教師本質的分別。

D. 透過共同備課，教師之間可以互補長短。

11. 微博突破了傳統網絡傳播模式的原有規範，具有嶄新的、革命性的特點。微博通過「關注」與「被關注」，將前媒體時代熟人之間人際傳播的「可信任」與傳統媒體時代大眾傳播的「覆蓋面廣」、「速度快」等優點融於一身。一個吸引人的信息內容一旦在微博上發布出來，如果1000個人中有100個人轉發，信息被閱讀次數就會輕鬆達到數萬、數十萬甚至數百萬。

（節錄自張曼締《多重視角下的微博功能研究》，2012年）

這段文字的中心論點是：

A. 微博具有嶄新的、革命性的特點。

B. 微博把全部媒體的優點集中於一。

C. 微博突破傳統，散播信息又快又廣。

D. 微博中信息被閱讀次數可以很驚人。

12. 任何事物都有一個發展的過程，古人穿著長袍馬褂，我們是不是就要脫掉西裝？古人還紮著長辮子，我們是不是也要留出長髮？漢字也是同樣的道理。一個事物的發展總會由繁到簡，這是發展的規律。所以，寫簡體字不是對華夏文明的拋棄，而是傳承和發揚，是文化的與時俱進。

（節錄自郭元鵬《難道全民都寫甲骨文才是華夏文明？》2013年）

與這段文字帶出的訊息相符的一項是：

A. 簡體字的出現符合發展規律。

B. 任何事物的發展總會由繁到簡。

C. 書寫簡體字是有文化的表現。

D. 不寫簡體字的人無視發展的規律。

13. 教師「鐵飯碗」並不是沒有註冊制度而形成的，而是缺乏嚴格管理機制而導致的，打破教師「鐵飯碗」的核心在於及時淘汰不合格的教師，形成管理上的「擠出」機制和「自淨」機制。這需要教育行政部門下定決心，拿出壯士斷腕的勇氣。如果沒有這種勇氣，再多的註冊也是不會起作用的。

（節錄自閒散一石《資格註冊能打破教師鐵飯碗？》，2013年）

這段文字的中心論點是：

A. 教師擁有「鐵飯碗」的原因。

B. 打破教師「鐵飯碗」的關鍵。

C. 「教師註冊」與教師「鐵飯碗」之間並非因果關係。

D. 「教師註冊」制度並無效用。

14. 唯分是論依然是學校評價老師的唯一依據也是教育主管部門評價學校的唯一依據。雖然教育部三令五申不准按考試分數給學生學校排名次。但是時至今日，教育主管部門、學校的管理從來都是以考試分數論英雄。因此老師只有拼命的要求學生努力學習。自己才能晉升，才能拿到績效工資。學校也才能得到撥款改善辦學條件，因此老師壓力大，才犯下體罰學生的滔天罪行。

（節錄自楚雄彝家《老師怎麼變成老獅？》，2013年7月4日）

這段文字的中心論點是：

A. 教師晉升的方法。

B. 以考試分數論英雄的利弊。

C. 「唯分是論」的風氣令老師壓力日增。

D. 教師壓力與其體罰學生的關係。

（二）字詞辨識（8 題）

15. 選出沒有錯別字的句子：

    A. 如果情侶不明白為什麼要結婚、為什麼要生孩子、是否有勇氣承擔家庭生活中的所有困苦和風險，那棄嬰現象恐怕不會有所援解，安全島只會更加繁忙。

    B. 港元與美元掛鈎，港息必須根據美息；如果聯儲局仍要刻意維持低息環境，香港的利率亦不會先行上升。

    C. 面對全球化急劇的挑戰，世界各國在政府帶動下，均進行由上而下的長遠教育戰略部處。

    D. 當我們發表同情心之際，卻沒有能力和行動去減少這些苦難的話，那我們的「關懷」的作用主要是令自己舒服一點。

16. 選出沒有錯別字的句子：

    A. 當傳媒大亨梅鐸要推出數碼報紙時，我們的確不能再對新媒體的存在視若無賭。

    B. 小説第一次在中國科幻創作中跨越了左右分界的意識形態、跨越了社會主義資本主義分界的冷戰立場，第一次站在更高的層次上全面分析中國和世界的未來。

    C. 但在政治上的成功，往往是文化上的專制，而政治上的失敗，則是文化頂盛之時。

    D. 歷史的發展有自己必然的趨勢，即便我國派遣各種民間力量試圖拯救你的國家，但覆滅的參數已經確定。

17. 選出沒有錯別字的句子：

A. 當我驚覺到自己正用着這樣的資勢吃着芒果時，我忽然又記起幾十年前被認定「偷吃」的父親的背影。

B. 雖然説叫高價是一種談判慣用的手法，但超越底線的叫價並沒有實際意義，反而破壞雙方的合作關係。

C. 這位説書人不怕題材沉重，用故事向孩子全釋了戰爭、恐懼、死亡、希望、愛等抽象事物。

D. 電視台的飲食節目每集請來港姐美女作嘉賓，志在培襯，目的是吸引那些好色之徒的目光。這類節目的質素，其實有多高呢？

18. 選出沒有錯別字的句子：

A. 各大政黨、各地傳媒，請別再向青少年貫輸這種偏歪觀念了！

B. 這個公園除了有不少珍貴品種的蝴蝶外，還有著別處旱見的紅色和靛藍色蜻蜓。

C. 看低或仇視外來者、窮人並不是個別事件，而是現今社會的心理常態。

D. 我以為你是型像正面的教師，怎料原來你暗地裡是如此敗壞！算我看錯人了！

19. 選出有錯別字的句子：

A. 他在成立建築師事務所後，好一段時間接不到生意，每天在三百呎的房間中輾轉難眠。

B. 當文化、藝術、設計及媒體教育備受忽視，創新環境簿弱時，任何商業營運的創意園區，都有可能逐步變質成由餐飲業、零售業主導的商場。

C. 駕馳汽車不能超載，否則容易發生事故，這是普通常識。

D. 我們處於逸樂和放鬆時，求生的意志就會減弱。

20. 選出有錯別字的句子：

A. 廉政公署必須徹底清除隱服在內部的腐敗因素，市民才會相信它仍然是捍衛廉潔核心價值的重要機關。

B. 政府和兩電要提供確實數據和理據，讓市民在知情的基礎上判斷減排以改善空氣質素是否物有所值。

C. 大浪西灣村民要求政府以換地或收購土地等方式，補償他們的損失。

D. 傳染病疫症若未能及早發現，會增加傳播蔓延的風險。

21. 請選出下面繁體字錯誤對應簡化字的選項：

A. 病態行為→病态行为

B. 趕緊出門→赶紧出门

C. 精讀課程→精读课程

D. 聽覺受損→咡觉受损

CHAPTER ONE
CRE 簡介

CHAPTER TWO
試題練習

CHAPTER THREE
模擬試卷

CHAPTER FOUR
常見問題

22. 請選出下面繁體字錯誤對應簡化字的選項：

A. 擔當不起→担当不起

B. 無聲無息→无声无息

C. 縮頭烏龜→缩头乌龟

D. 齊頭並進→齐头并进

（三）句子辨析 (8 題)

23. 下列各句中沒有語病的一句是：

A. 雖然他吊兒郎當，但總算是個孝順的兒子，無論生活多困難，他都願意撫養父母。

B. 全球公民社會的興起及其對外交事務的參與革命，外交制度民主化已成為不可阻止的歷史潮流。

C. 幫忙佈置、買蛋糕、做雜務，他在這個生日會上的功勞真是罄竹難書。

D. 加拿大的警察接到報案的第一反應是將事主送往女子庇護中心，防止事主受到更多傷害，絕不會把它當成雜項，愛理不理。

24. 下列各句中沒有語病的一句是：

   A. 朗誦隊員大多身兼數職，不少忙於籌辦校慶活動，分身乏術，加上隊員人數眾多，所以在編排練習時間上更為困難。

   B. 這位殺人兇手殺人如麻，連孕婦也不放過；他受到法律制裁，真是罪有應得。

   C. 按傳統偵探小説的邏輯，一切結局皆有理可循，有線索可追，但衛斯理小説卻往往匪夷所思、非邏輯可達的答案。

   D. 我們的報刊、雜誌、電視和一切出版物，必須嚴加把關，杜絕用字不規範的現象。

25. 下列各句中沒有語病的一句是：

   A. 凡是在醫學和科學研究上有卓越成就的人，不少是在物質條件極其缺乏的情況下，經過刻苦努力而獲得成功的。

   B. 老婆婆的一席話深深地觸動了小明的心，久久不能平靜下來。

   C. 扶貧不止於派錢或一兩句噓寒問暖，踏實的扶貧政策，無論病徵或病因也不可忽視。

   D. 教育局應思考各種辦法培養和提高中學師資水平，尤其是中年教師的水平。

26. 下列各句中沒有語病的一句是：

   A. 為表謝意，那位失主昨天在高級酒店訂了一盒月餅，送給他的恩人。

   B. 要登山採摘雪蓮，必須克服低壓、低溫、風沙等不利的氣候，所以出發前要充分考慮自己的身體狀況是否合適。

   C. 這次回到家鄉，我終於看到了那位多年不見的小學老師，那親切的鄉音和那爽朗的笑聲。

   D. 過了一會兒，前面那部粉紅色跑車忽然漸漸放慢了速度，隨後的車輛乘機加速超越了它。

27. 下列各句中有語病的一句是：

   A. 歷史文物見證香港的發展，亦是本地社會獨一無二的資產。

   B. 今年暑假，我和妹妹不但過得很開心，而且做了很多有意義的事。

   C. 茶居的建築古樸雅緻，小巧玲瓏，多是一大半臨河，一小半倚着岸邊。

   D. 尊嚴從一開始就依附着等級而生成，這是我不願意看到和承認的事實。

28. 下列各句中有語病的一句是：

A. 這齣電影裏的小人物總高估了自己的重要性，鏡頭外的我們又何嘗不是？

B. 我對文學和人生的思考，與我的故鄉，與我的童年，與我所熱愛的大自然都是緊密相連的。

C. 達爾文學説認為，不僅一切生物都是進化來的，人當然也不是在地球上一下子出現的。

D. 只要能夠堅持，走到人生的盡頭，沒有失去目標和理想，便是真正的強者。

29. 下列各句中有語病的一句是：

A. 每次上化學課，趙老師總是展露和藹可親的笑容和抑揚頓挫的講課聲。

B. 人類文明演進，何以如今還有人自命紳士而返回到漁獵時代？

C. 今天年青人對生活的期望，比以往提高了不少，但社會的競爭卻比以往激烈。

D. 無需參看今年的術數命理推測，我也知自己今年的運氣不會好。

CHAPTER ONE
CRE 簡介

CHAPTER TWO
試題練習

CHAPTER THREE
模擬試卷

CHAPTER FOUR
常見問題

30. 下列各句中有語病的一句是：

A. 這位少女用桀驁不馴的語言在自己與家庭、同學間樹立起一面厚厚的牆壁，任何人不可觸動她那尚未結痂的哀傷。

B. 民間流傳的不少具有勸誡意義的故事，都在提醒人們克制自己的慾望。

C. 千禧世紀的新一代仍可以關上家門，不問世事，不思考價值信念，整天以賺錢為目標嗎？

D. 會議過後，球隊嚴肅地研究了職工們的建議，又虛心地徵求了幾位教練的意見。

（四）詞句運用（15 題）

31. 一篇好的論說文，立論須明確，言之有物；舉例充足；論證合理，結論和論據須_____。

填入橫線部分最恰當的一項是：

A. 緊密關聯

B. 密不可分

C. 二合為一

D. 承先啟後

32. 班房內個個學生都暮氣沉沉，垂頭喪氣，唯獨他_____，充滿活力，真不可思議。

    填入橫線部分最恰當的一項是：

    A. 如沐春風

    B. 風華正茂

    C. 不可一世

    D. 生氣勃勃

33. 這地方本來就很偏僻，_____，不一定能找到。

    填入橫線部分最恰當的一項是：

    A. 即使他不可能不是第一次來

    B. 何況他又是第一次來

    C. 可是他是第一次來

    D. 儘管他是第一次來

34. 這場羽毛球決賽中，兩位選手的實力在_____，雙方一直爭持到最後一局才分出勝負。

    填入橫線部分最恰當的一項是：

    A. 平分秋色

    B. 伯仲之間

    C. 旗鼓相當

    D. 不分軒輊

CHAPTER ONE
CRE 簡介

CHAPTER TWO
試題練習

CHAPTER THREE
模擬試卷

CHAPTER FOUR
常見問題

35. 政府官員昨日_____，尊重市民表達自由的權利，但辱罵旅客行為_____影響購物區商舖經營，_____亦損害香港形象。

填入橫線部分最恰當的一項是：

A. 聲稱、不但、而且

B. 透露、或許、或許

C. 表示、或許、同時

D. 表示、不但、同時

36. 去年，熱愛環保的陳小明_____與一位在廢物回收公司工作的老同學重遇，二人_____，決定合作於大埔成立一間塑膠回收公司。

填入橫線部分最恰當的一項是：

A. 突然、有講有笑

B. 不期然、達成共識

C. 偶然、一拍即合

D. 淡然、情投意合

37. 這次事件中，有人批評電台處理手法不近人情，有人認為被裁者的指控欠理據，被辭退乃咎由自取云云，_____。

填入橫線部分最恰當的一項是：

A. 電台和被裁者雙方都是輸家

B. 可見商業糾紛會愈來愈多

C. 優勝劣敗，路人皆知

D. 真是難分真假

38. 早前路政署把一位塗鴉大師的街頭藝術裝飾清拆，有議員為政府辯護，指政府部門在接到投訴後把塗鴉清走＿＿＿＿＿＿，但不少市民批評政府的做法＿＿＿＿＿＿街頭藝術的生存空間。

填入橫線部分最恰當的一項是：

A. 情有可原、摧殘

B. 無可厚非、扼殺

C. 不仁不義、扼殺

D. 大公無私、摧殘

選出下列句子的正確排列次序：

39. 1. 如何通過教學提升學生的語文能力

2. 現時的全港性系統評估與中一學科測驗都是教育界十分重視的公開考試

3. 以應付這兩個以能力評核為本的公開評核模式

4. 一直以來，語文教育都以提升學生語文水平作為主要的目的

5. 是本地教師急切關注的問題

A. 4-2-1-3-5

B. 4-1-5-2-3

C. 2-1-3-5-4

D. 1-3-4-2-5

40. 1. 每年春、秋兩季

2. 儲備足夠能量後

3. 米埔，一個自然環境優美的地方，一個候鳥的棲息地

4. 候鳥便會展翅高飛，繼續向屬於牠們的國度飛航

5. 二、三萬隻候鳥會在米埔的泥灘中途休息

A. 1-5-2-4-3

B. 3-1-5-2-4

C. 3-1-2-4-5

D. 3-2-4-5-1

41. 1. 前線員工需要較實用的課程，理論式課堂對他們不大適合

2. 全公司大概可分為主任級及前線人員、管理員及技工職系

3. 定期向員工提供針對性的訓練

4. 專業課程主任在這方面擔當重要角色

5. 主任級員工大多受過物業管理的專業訓練，而且自學的能力較強

A. 1-2-4-5-3

B. 1-5-3-4-2

C. 1-4-2-3-5

D. 2-5-1-4-3

42. 1. 參賽者進入最後遴選

2. 公司邀請外界人士加入評審小組，發問問題

3. 獲面試機會

4. 小組將根據三方面給予評分及公布賽果

5. 外間評判包括大學學者及其他專業人士

A. 4-3-2-5-1

B. 1-5-3-2-4

C. 1-3-2-5-4

D. 2-5-4-3-1

43. 1. 水箱破裂

2. 氣溫驟降至零度

3. 結冰

4. 水箱手柄比從前更穩固

5. 花了一千元請人上門修理

A. 2-3-1-5-4

B. 5-2-3-4-1

C. 5-4-3-1-2

D. 5-3-4-2-1

44. 1. 有助醫生集中診治複雜個案

2. 兒童醫院下月落成

3. 設有綜合康復中心、手術室、化驗室、醫院數據中心等設施

4. 小孩子覆診非常不便

5. 本港兒科專科服務散落各區

A. 2-3-1-5-4

B. 5-2-3-4-1

C. 5-4-3-1-2

D. 5-4-2-3-1

45. 1. 他不但不知亡國恨，反而安於逸樂，願長留在此，不思亡國

2. 當時三國蜀漢亡國後，劉後主被挾持到他國

3. 成語「樂不思蜀」是對三國時代劉禪的批評

4. 形容人樂而忘返或樂而忘本

5. 後來這個故事被濃縮成「樂不思蜀」的成語

A. 3-5-4-2-1

B. 3-2-1-5-4

C. 5-3-4-1-2

D. 3-4-2-5-1

-全卷完-

模擬試卷四

答案與解釋

1. 答案：A。作者在第一段指出，「知識份子」的毛病在只看到學的狹義的「用」，選科時只選出路最廣的經濟系、機械系等等，而不讀哲學系、數學系、生物學等「冷門」學系。

2. 答案：D。原文是說：「一個民族到了只顧體膚需要而不珍視精神生活的價值時，它也就必定逐漸沒落了。」

3. 答案：B。原文是說：「人生來有向上心，……歡喜發疑問」，並不是說發問能量度一個人的向上心。

4. 答案：B。學習時需要解決的疑問有時會很深奧，但當成功解難後人卻能獲得滿足和快樂。

5. 答案：B。原文是說：「一個人的想像力越大，便越不能感到滿足。」這並不是指想像力無法得到滿足。

6. 答案：C。原文：「可是那沒有關係，他(有夢想的孩子)有時也會享受到更大的歡樂……。因為我覺得我們的構造跟無線電收音機一樣，……有些反應比較靈敏的收音機，能收到……更美妙的短波」作者是藉靈敏的無線電收音機能收到更好的短波，解釋有夢想的孩子為什麼能享受到更大的歡樂。

7. 答案：B。原文：「……多少都依照我們的夢想去行事。」

8. 答案：D。原文只說過：「……夢想著一個較好的世界……」不能因而斷章取義。

9. 答案：B。　　10. 答案：D。　　11. 答案：C。

12. 答案：A。　　13. 答案：C。　　14. 答案：D。

15. 答案：D。（正確寫法：A. 緩解，B. 掛鈎，C. 部署）

16. 答案：B。（正確寫法：A. 視若無睹，C. 鼎盛，D. 派遣）

17. 答案：B。（正確寫法：A. 姿勢，C. 詮釋，D. 陪襯）

18. 答案：C。（正確寫法：A. 灌輸，B. 罕見， D. 形象）

19. 答案：B。（正確寫法：薄弱）

20. 答案：A。（正確寫法：隱伏）

21. 答案：D。（正寫：聽覺受損→听觉受损)

22. 答案：C。（正寫：縮頭烏龜→缩头乌龟)

23. 答案：D。A：用詞不當：「撫養」應改為 供養 / 照顧 / 關愛等詞。B：意思混亂：應在句子開首加上「隨著」；C：用詞不當：「罄竹難書」是貶義詞，形容惡行多得數不清；應改用「數之不盡」。)

24. 答案：A。B：用字不當：「這位」一語有尊稱意味，與「殺人兇手」不搭配，應改為「這個」。C：含多餘成份：應在句子末刪去「的答案」；D：「報刊、雜誌」應該包括在「一切出版物」當中。)

25. 答案：C。A：自相矛盾：「凡是」與「不少」矛盾。B：結構混亂：可改為「深深地觸動了小明，使他久久不能……」；D：搭配不當：「提高」可搭配「水平」，但「培養」卻不可以。)

26. 答案：A。B項：配搭不當。「克服」應配「困難」，不能配「氣候」；另外「不利的」配「氣候」不當，可改為「不利的氣候條件」。C項：「看到」這個動詞不能配搭「那親切的鄉音和那爽朗的笑聲」。D項：「忽然」、「漸漸」兩詞連用令句子意思矛盾，刪去其一。

27. 答案：B。關聯詞不當：本句意思上應是因果關係，所以全句應改為「今年暑假，我和妹妹過得很開心，因為我們做了很多有意義的事」。

28. 答案：C。關聯詞不當：應刪去「不僅」。

29. 答案：A。配搭不當：「展露」不能配搭「講課聲」，故應在「抑揚頓挫」前加上合適的動詞。

30. 答案：D。配搭不當：「嚴肅地」不能配搭「研究」，應把「嚴肅地」改為「認真」。

31. 答案：A。

32. 答案：D。A項「如沐春風」比喻沉浸在美好的環境中，形容人心情愉快；或指受到高人點化，如春風吹拂，但這裡兩種情況皆不是。B項「風華正茂」形容青年人滿有朝氣，但與題目語境不合。C項「不可一世」是貶義詞。

33. 答案：B。　　34. 答案：B。　　35. 答案：D。　　36. 答案：C。

37. 答案：A。　　38. 答案：B。　　39. 答案：A。4-2-1-3-5

40. 答案：B。3-1-5-2-4　　41. 答案：D。2-5-1-4-3

42. 答案：C。1-3-2-5-4　　43. 答案：A。2-3-1-5-4

44. 答案：D。5-4-2-3-1　　45. 答案：B。3-2-1-5-4

CHAPTER FOUR

常見問題

什麼人符合申請資格？

- 持有大學學位；

- 現正就讀學士學位課程最後一年；或

- 持有符合申請學位或專業程度公務員職位所需的專業資格。

「綜合招聘考試」(CRE)跟「聯合招聘考試」(JRE)有何分別？

在CRE中英文運用考試中取得「二級」成績後，可投考JRE，考試為AO、EO及勞工事務主任、貿易主任四職系的招聘而設。

CRE成績何時公佈？

考試邀請信會於考前12天以電郵通知，成績會在試後1個月內郵寄到考生地址。

報考CRE的費用是多少？

不設收費。

看得喜 放不低

創出喜閱新思維

書名	《投考公務員 中文運用解題天書》（修訂第三版）
ISBN	978-988-74807-3-0
定價	HK$118
出版日期	2021年7月
作者	資深中文老師 煒軒 & Mark Sir
責任編輯	投考公務員系列編輯部、麥少瓊
版面設計	石磊
出版	文化會社有限公司
電郵	editor@culturecross.com
網址	www.culturecross.com
發行	聯合新零售(香港)有限公司
	地址：香港鰂魚涌英皇道1065號東達中心1304-06室
	電話：（852）2963 5300
	傳真：（852）2565 0919